內在影響力

宋希玉，黃立 著

完美主管的不完美原則

IMPERFECTION PRINCIPLE

超越權力的真正領導力！

從人格魅力到創新思維的全方位領導法！

從小事入手，打造非凡領導力和持久影響力

以信任激勵團隊，創造充滿動力與活力的工作環境

目錄

目錄

願景

能力

目錄

行為

細節

目錄

創新

目錄

前言

領導者應該具有什麼樣的能力？怎樣才能當個好的領導者？這不僅是領導者本身關心的一個問題，也是一個社會熱議問題。

領導力是一種統領人心的綜合能力。誰擁有卓越的領導力，誰就擁有了整個世界。它像一種召喚，在政治上可以救國圖存；它像一種武器，在戰場上可以克敵制勝；它像一種資本，在商場上可以點石成金；它像一種號令，在職場上可以一呼百諾；它像一座靠山，一道堤壩，一葉救世方舟……。

華倫．班尼斯和伯特．納努斯在《領導者》一書中寫道：「許多組織，特別是那些失敗的組織，其存在的問題是：管理有餘，領導不足。」在今天這個時代，人們更需要的是被激勵、勸說和影響。一位領導者更重要的是為組織勾勒一幅遠景，設定遠期目標以達到此目標的策略戰術，並充分運用自己的想像力以及創造性解決問題的技巧來引起變革。領導需要真正發揮「領而導之」的作用。

領導力，是每一個管理者要獲得工作成績必備的技能和素養，也是每一個矢志成

前言

功的人士必須具備的能力和素養。本書透過大量生動的事例，詳細論述領導力的本質、領導力必須具備的素養、領導力必須具備的特質，娓娓道出一門如何讓別人追隨你的學問。

透過本書你將發現：權力是有限的，而領導力是無窮的。比陸地大的是海洋，比海洋大的是天空，比天空大的是領導者非凡的領導力。

人格

品格是贏得別人尊敬的基石。就像一棟好房子不能建築在沙灘上，值得別人尊敬的不朽聲譽，也不能建築在軟弱的品格上。

1　江山之固，在德不在險

古人說：「仕宦而至將相，為人情之所榮。」每一位領導者莫不希望自己有一天飛黃騰達，威名遠揚，財源滾滾來。然而，說這句話的人可能不知道這個道理：追求名利是恥辱之根源。畢竟，只有懂得自我修養的人，才能夠保住他的榮譽，受到眾人的愛戴；不懂得自我修養的人，即使他有高官名銜，最後還是會招來恥辱、招人唾棄。

清朝康熙皇帝在告誡雍正時說了一句話：「江山之固，在德不在險。」康熙不愧為明君，他沒有留下什麼通鑑或語錄之類的東西，但一句話就道出了坐江山、當領導者的真諦。

一個懂得自我修養的人，他為人清廉、忠誠於事業、處事正道、對下謙虛。因此，他很自然能獲得良好名聲以及世人的肯定。而且，就算是他不要這份榮譽，榮譽還是會緊隨著他。一個不懂得自我修養的人，他追求名利、不守本分、貪得無厭、不知道記取失敗的教訓、不顧別人的利益。所以，這種人必然惡名昭彰，為世人所唾棄。這種人要想避免羞辱也是不可能的。

以廉為本，是中國封建時代清官的一個重要特徵。在物欲橫流的封建官場上，要保持個人潔身自好已屬不易，而要志行修潔，拒賄肅貪，不以權謀私，更是難能可貴。他們有的為官「以不貪為寶」，甘於淡泊；有的廉潔無私，開一代新風；有的清廉惠民，與腐朽官風作抗爭，無不表現出優秀的品質和才幹。

春秋時，宋國有人獲得一塊美玉，思慮再三，獻給上大夫子罕，遭子罕拒絕。獻玉者以為子罕是怕寶玉有假而受蒙蔽，便強調說，已請治玉的專家做過鑑定，確是稀世美玉。子罕說：「我以不貪為寶，你以寶玉為寶，我若接受了你的寶玉，我們倆就失去了最可貴的東西。」子罕「不貪為寶」的行為，因此成為全社會稱揚的道德精神。

東漢名臣楊震，才高學絕，時人譽為「關西孔子」。他為官清正廉潔，不受私請，曾官至司徒、太尉。楊震調任東萊太守時，途經昌邑縣境。此前為楊震所舉秀才的昌邑縣令王密，一直想報答楊震的薦舉之情。這天夜裡，他特地前往驛站拜謁謝恩。為略表酬謝之意，王密暗攜黃金十斤，單獨造訪。楊震對此頗感不快：「我知道你的為人，你卻為何不了解我的秉性？」王密說：「您放心，這麼晚了，沒有人知道這件事。」楊震回答說：「天知，地知，你知，我知。你怎麼會說沒有人知道呢？」聽了這番話，王密頗感羞愧難當，只好歉疚地收禮告辭而去。楊震為官一生清廉，年老後，親朋好友勸他為子孫置辦產業，造福後代。楊震不為所動，且說：「使後世稱他們為清白吏子孫，以此遺留給他們，不是更加豐厚嗎？」

許多領導者最後失敗了，無不敗在失去了節操，失去了正氣。一個人想培養清風亮節的情操，首先要做到「如果不是我的，雖是一毫也不取」。子罕、楊震不貪、不取，就在於有清風亮節的情操。宋凌沖任合山知縣時，有清廉的美名，離職檢查行李時，發現包裡有一塊硯池，他看了看說：「這不是我上任時帶來的物品。」命人送回衙門。包拯為官也十分清廉，他離任端州時，隻身而行，百姓過意不去，特地送他一塊當地特產的「端硯」，包拯發現後投入湖中。據說不久落硯處出現一座沙洲，人稱「墨硯砂」。並有人刻詩讚曰：「星岩朗輝光山海，硯渚清風播古今」。這不正是「如果不是我的，雖是一毫也不取」嗎？

治理百姓的官員，古代稱之為父母官。父母官的職責是為人民服務，而不是騎在人民脖子上作威作福、暴斂民財。宋代張之才離任陽城知縣，在湯廟作詩說：「一官來此四經春，不愧蒼天不愧民。神道有靈應信我，去時猶似到時貧。」寇準出入宰相職位三十年，不肯為家人建造一間私房，處士魏野稱讚他：「做官居在高位處，卻無地方起樓台。」這就是清官的高風亮節。宋高宗曾經詢問羊沂說：「你廉潔的名聲很高，有人說你在閩中為官時不領俸祿，是真的嗎？」羊沂回答說：「我因為貧窮才做官，怎麼會不領俸祿呢？但是，不該接受的就不敢接受。」高宗感嘆地說：「如果朝中大臣都像你這樣，國家何愁不富強，天下何愁不太平？」

從某種意義上說，領導者事業的成功不是完全掌握在自己手中，而是掌握在別人的手中。真正的管理能力總是脫不了與人的關係。

有這樣一句關於領導者的格言：「如果你自以為在領導，卻沒有人追隨在你的前後左右，那你只不過是在獨行而已。」跟隨者無法信任那些品格有明顯瑕疵的領導者，人們也很難長久追隨這樣的領導者——沒有下屬和你一起打拚，就算你有全世界最偉大的理想和最完美的計畫，也只能是孤掌難鳴。

在組織中，領導者的言談舉止，是下屬員工重點觀察的目標。「十目所視，十手所指」，你的一舉一動大家都在看著。你是否有較強的領導能力，能夠順利帶領下屬實現組織目標，這不但有賴於目標自身的正確性，更有賴於自身整體道德素養的高尚性。

作為領導者，不論你的位階大小，你都擁有一種特殊的資源：人。而這種資源是獨一無二的。它可能取之不竭，用之不盡；也可能很快就枯竭了。這完全取決於一個「德」字。

俗話說「德高而望重」，這種由下屬意識中自發形成的非強制性權威感，較之強制性的權威感要真實持久得多。

這個世界上成功的人之所以是少數，在很大程度上是因為人們，尤其是領導者，忽略了成功要靠自己的道德素養去贏得大眾支持這一基礎因素。

2 沒有高尚的人格，就沒有非凡的領導力

對一個人來說，最重要的是人格；而對於一位領導者來說，最重要的則是人格魅力。沒有高尚的人格，就沒有非凡的領導力。

作為一名領導者，在日常生活的點滴之中，無時無刻不展現著你的「人格魅力」，只不過有些人不加以重視，而漸漸喪失了人格，當然「魅力」也就無從談起。

身為領導者就要嚴以律己，從小事做起。要時常關心下屬，將他們的冷暖放在心上，對於一些有關個人利益的小事不要計較得那麼清楚。對於領導者來說，沒有什麼會比贏得人們的擁護和愛戴更為重要。

生活中，每個人都很注重自己的「人格魅力」，作為領導者更應如此。應不斷為自己的人格魅力添姿著色。

每個領導者都應當明白：一旦擁有了人格魅力，在無形之中就等於建立了自己的競爭優勢，如果你能讓很多人留下深刻的印象，那你與他人建立合作的可能性就自然增加了。同時，你往往能做到更有效率來協調人際關係，影響力也就會更大，也就更容易讓對方留下難以磨滅的印象了。

有人格魅力的人往往能夠在成功的道路上暢通無阻。所以，培養你的人格魅力，使

自己成為有人格魅力的人，是你走向成功的重要基礎。這就叫「人格魅力資本」。

一個才華橫溢的人可能讓你折服，你也可能會為一個妙語連珠的人所傾倒，你更可能對一個性情溫和、充滿寬容與友愛之心的人留下深刻的印象。所以，構成一個人人格魅力的最核心因素往往不僅僅是天賦與才華，更重要的是一個人的人格、一個人的個性。

什麼是人格魅力？人格魅力就是別人對你的看法，他們透過你的外在表現、行動與思想，對你產生了喜歡以致某種帶有神祕色彩的感情，所以人格魅力本身是一種感情。而別人對你的感情是與你對他們的感情高度相關的。如果你的感情特徵是積極的、友善的、溫和的、寬容的，那麼你的人格魅力就會大增；反之，你就會成為一個不受歡迎的人。所以感情也影響了人格的很大部分。

人格魅力更是一個人精神和品德的內在屬性。一個人精神和品格的吸引力，根本在於個人的喜愛、仰慕和渴望接近的性格特質。尤其作為領導者，具有人格魅力的領導者，能像磁石一般，使眾人聚集在他的周圍。

一個有魅力的領導者應包括以下幾種人格特徵：

(一) 氣質美

氣質是一種精神因素的外部表現。如果一個人具有一定的文化教養、理想抱負、情感個性等等，就更能顯示出「氣質美」。

(二) 語言美

語言是人的力量的統帥，是表現人的風度的重要載體和方法，它能塑造人的各種不同風度，而風度又能使語言的色彩和力量得到極大發揮。所謂語言美，主要指說話文雅、用字恰當、口氣和藹熱情、措辭委婉貼切、態度誠懇謙遜、尊重別人。

(三) 行為美

在公共場合，除儀態端莊大方外，還必須懂禮貌、熱心維護公德。如不隨地吐痰，不亂扔果皮及其他髒物，以維護公共衛生；不大聲喧譁、擁擠以維護公共秩序；在搭車、購物、看電影、遊覽名勝古蹟等活動中，都要注意行為美。在平時待人接物上應熱情相待。人們總是喜歡那些謙虛謹慎、舉止能順乎自然的人。

那麼，一個人該怎樣培養優美的風度呢？

（一）從塑造美好心靈開始

一個人潛藏於內心深處的靈魂境界（諸如人格、人品、情操、格調）的高低，可以直接影響到一個人的風度。培養風度，先要培養人格。為人正直、坦率、表裡一致、恪守信用，這是最基本的。此外，人品的好壞直接影響人的風度。人品包括責任感、任務感、團體感、榮譽感、羞恥心等。人格和人品都是精神美的表現。

（二）培養聰明才幹

古人說：「腹有詩書氣自華」，一個有深厚教養和堅定信念的人，自然能表現出非常吸引人的美的風度來。你應在培養聰明才智方面多下工夫，只有如此，才能使你的風度充滿智慧的光環，展現經久不衰的魅力。

（三）自身個性與社會角色的關係

由於個人的個性是由許多複雜因素共同作用形成的，會表現出不同的個性。個性不同，風度迥異。心理學原理告訴我們，任何一種個性、氣質都有其優點，也有其缺點。一個人的氣質往往是比較穩定的。培養風度美，不是要強求個人改變原有的個性和氣質，讓人套入一個刻板的模式中去，而是引導人們依據自身的個性和氣質特徵，揚長補短，塑造具有鮮明個性特徵的風度美。另一方面，每個人置身於特定的社會環境，而不是在「真空」中生活，每個人的個性、氣質都是在與之相關的人與人的社會關係中表現出來的。人在不同的人際關係中，充當著不同的社會角色，而不同的環境、場合、氣氛，對人的個性、氣質也有著嚴格的限制、不同的要求，並不是由著個性任意表現的。如嚴肅的場合，要有嚴肅的風度；輕鬆愉快的氣氛中，要有活潑幽默的風度；對老人要有比較穩重的風度；對孩子應有親暱的風度……種種交往關係、場合決定風度的不同要求。因而，一個人在複雜的社會環境中是多角色的，擔任什麼樣的社會角色，就應有什麼樣的風度表現，否則便會醜態百出，貽笑大方。

人格的偉大和剛強只有藉矛盾對立的偉大和剛強才能衡量出來，心靈從這些矛盾中掙扎出來，才使自己回到統一。

3 魅力≠十全十美

領導魅力是領導藝術的最高境界。領導魅力是無形的，它主要表現為對周圍環境及下屬的影響與感召力。

領導者要具有「魅力」。一個有魅力的領導者能吸引更多的追隨者，但魅力並不是全部，不等於討人喜歡，其實，一個成功的領導者也有各式各樣的個性和魅力。世界五百大企業中的許多公司的成功 CEO，都被下屬描繪為「令人乏味」甚至「討厭」，但這並不妨礙他們成為優秀的領導者。

作為領導者，用不著找一個最成功的領導者設法去模仿他。因為真正對你最有效的管理方式，是發揮你個人的魅力所形成的管理風格。

日本理光集團是國際一流光學儀器企業，人才濟濟。然而，管理層卻決定選用爭強好勝、經常和下屬發生衝突的市村清做副總。

市村清被員工們私下裡稱為「不易對付的人」，任命他當副總的消息一經公布，在理光公司上下引起軒然大波。市村清沒有被困難嚇倒，他上任後大刀闊斧展開工作，依舊是得理不饒人。因此，還是不斷與下屬發生爭吵和摩擦。員工們有的不服、有的嫉妒、有的乾脆採取不合作的態度。

市村清的內心非常痛苦，他知道自己的身分變了，不能再像過去那樣，可是這種直來直往的性格老是改不掉。怎樣做一個大公司的副總才算合格呢？他決定去拜訪一位前輩。

一天，他畢恭畢敬，坐在前輩面前請教：「您說像我這樣性格剛烈的人，是否不適合當領導者？」

「難道你想變成一個八面玲瓏、見風轉舵的人嗎？」前輩一針見血問道。

「我想是的，這樣可能會好一點。」市村清小心答道。

「不行，那絕對不行！」前輩嚴肅的說。「如果你磨去稜角，真的變成一個處事圓滑，一派和氣的人，那你就和別人沒有什麼區別了，你就不是市村清了。與其謹慎的糾正缺點，還不如勇敢的發揮長處，這才是增強管理能力的上策。」

接著，前輩又為市村清做了一個形象的比喻，他說：「你就像日本的一種糖果，渾身滿是稜角，還有許多小凹坑；如果把稜角凹坑磨去，是可以變成一個圓糖球，但那是個小糖球。如果隨著年齡的增長，知識和閱歷不斷豐富，把自己的缺陷填滿，你就會變成一個更大的糖球，即是一個成熟的領導者，你和普通員工的差別就更大了。」

前輩的一席話，使市村清豁然開朗。回到公司後，他感到幹勁更足了，魄力更大了。在他擔任副總的日子裡，他把理光集團經營得有聲有色，而自己也逐漸成為一名出類拔萃的領導者。後來，市村清被提拔為總經理。

世界上沒有十全十美的人，同樣也沒有「十全十美」的領導者，至少沒有找到一般意義上「十全十美」的領導者。但我們會遇到過一些在某一時期對某一組織而言也許是「完美」的領導者。

領導者也許只是在合適的時間裡坐在了合適的位置上。就是說，他們認知到了組織在某一時間點上獲得成功所需要的因素。這一點會因外部與內部情況及環境的不同而改變。

一位領導者，不管他擁有的魅力是什麼，可能是一份堅持、鋼鐵般的意志、豐富的想像力、積極的態度或者是強烈的價值觀，都可以把這些歸納為領導魅力。切記住：坐而言不如起而行。

魅力就是這麼一種能力，它透過你與他人在身體上、情感以及理智上的相互接觸，從而對人產生積極的影響。

4 放下架子，親近下屬

放下架子是領導者與下屬縮短距離的前提條件。一個領導者如果賣弄權勢，那麼他就等於在出賣自己的無知；領導者賣弄富有，等於出賣自己的人格。擺架子的人，不僅領導者關係處理不好，人際關係也處理不好。

作為領導者，很容易產生高高在上的感覺，通俗說就是「擺架子」。「擺架子」是沒有好處的，對於下屬而言，領導者本來位置就高高在上，具有一種相對優越性。如果領導者不注意自己「架子」問題，凜然一副高高在上，神聖不可侵犯的姿態，勢必在自己與下屬之間劃出一條鴻溝，從而切斷領導者與下屬進行感情交流和溝通的機會，拉遠了上下級之間的距離，更不可能引起下屬的心靈共鳴。

我們經常會聽到這樣的議論：

「哼！我們這個單位的主管，位階雖然只有芝麻粒大，架子擺得倒不小。哼，他越是這樣子，我們就越懶得理他。」

「你們單位的主管講起話來怎麼是那個樣子，官腔官調的，真讓人受不了。」

對於愛擺架子的領導者，人們很不喜歡，但這樣的領導者不少，這些人不僅領導者與領導者之間關係不好，而且領導者與被領導者之間關係也不好。愛擺架子的領導者表現為：

（一）和其他人保持一點距離

愛擺架子的領導者平時緊繃著面孔，不輕易接觸人們，他們把和大家開玩笑、打成一片，看成是有損領導者威信的事。有時在現場能了解的問題，愛擺架子的領導者卻總是安排他人到辦公室來向他匯報，問東問西，還不時提些問題，以表現領導者的氣度和水準。

(二) 自己比別人高明

領導者之所以能成為領導者，就是在某些方面比別人高明一點。但是，愛擺架子的領導者卻將這一點過分絕對化了。不是認為自己高明一點，而是認為自己要高明得多；不是認為自己在某個方面高明，而是在所有的方面都高明，這種缺少自知之明的心理所產生的結果，往往適得其反。

有一位總經理為了與下屬拉近距離，他經常在業餘時間裡與員工玩撲克牌，以此作為打開與員工溝通交流的鑰匙。在此過程中，大家無話不談，性格中的優點和缺點充分顯現。牌打到興奮處，年輕人們甚至會跟他開玩笑，逗大家開心。大家在娛樂中相互了解，相互溝通。他不僅是他們工作上的領導者和權威，而且成了他們生活上的朋友和夥伴。

性格直率的王某這次工作任務完成得非常出色，午飯後這位副主任走進他們辦公室，拍拍王某的肩膀笑道：「我可不知道你長了這麼聰明的腦袋，工作做得頂呱呱，寫文章還有一手，真是妙筆生花！」而性情文靜的小劉在工作會議上獻一妙計，他眉開眼笑，當眾誇獎道：「別看小劉平時細言慢語，但愛讀書，善思考，滿腹經綸，碰到困難能拿出錦囊妙計。他今天提供的這一建議，為我們打開了一個新的角度，對我們這一階段工作意義重大。大家都應像小劉那樣，注意讀書、學習，蜂採百花成蜜嘛。」

這是一個多麼風趣、和諧、自然的工作環境，這與這位領導者善於放下「架子」，忘記「架子」是分不開的，下屬與他交往時才會感到親切、自然，才會把自己的內心世界打開，他才能充分了解下屬，體察其心靈深處，掌握其不同特點，稱讚起下屬來才會得心應手，對「症」下藥。俗話說：「一把鑰匙開一把鎖。」這位領導者正是掌握了開啟各位下屬內心之鎖的鑰匙，他對下屬的稱讚才能真正使下屬感覺到領導者鼓勵的力量，既不會認為他故弄玄虛，更不會想到他是欺騙人心。

為什麼有的領導者愛擺架子呢？這是由於在一些人的內心深處，形成了濃厚的等級觀念，將人分為上中下幾等，覺得職稱越大，似乎就越是高人一等。他們如果當了主管，就洋洋得意，忘乎所以，情不自禁表現出比別人高出一等的樣子來。

從領導者的威信方面來說，那些借助本人的真才實學、高超的業務水準和工作能力，與眾人建立密切的感情關係的領導者，威信越大。而那些藉自己的資歷、職位的大小、常擺出一副官樣的領導者，其威信越小，容易成為孤家寡人。

過分突出自我，藐視他人的存在，嚴重脫離人群，這不是現代領導者的作風。作為一名現代領導者，還是少擺架子為好。

聚集人馬只是開始，繼續共事可謂發展，同心工作才是成功。

5 權力不是你的王牌

一隻羊站在高高的屋頂上，看見一隻狼從屋旁走過，於是罵道：「你這隻笨狼，你這隻傻狼……」

狼向上望了望，對羊說道：「你之所以能罵我，只不過是因為你站的位置比我高罷了。」

領導者有的就是權力，那麼權力該怎麼來理解、怎麼來運用呢？

權力具有強制性，這種強制性就在於，企業給了每個層級上的領導者一些資源，他們再透過這些資源強制別人按照自己的意願來做事。這種強制性的好處在於效率高。但它也有個缺點，就是容易造成下屬對權力的抗拒。因為人的本性是希望得到尊重的，沒人甘願自己被呼來喊去，即使他拿著你的薪水。這樣一來，權力的強制性就是一把雙刃劍。

權力是一個領導者影響他人或團隊去做他們本來不會去做的事情的能力。有兩種主要的權力來源：你在組織中的位置和你的個人特點。

在正式組織中，管理職位會帶來權威——發號施令以及希望命令得以服從的權力。另外，管理職位一般會帶來實施獎勵和懲罰的權力。領導者可以安排令人嚮往的工作任務，指派下屬做有意義或重要的方案，做出有利的績效評估，以及建議為下屬加薪。但是，領導者也可以安排誰都不想做的任務和工作輪班，把討厭的或不引人注目的方案推給下屬，做出不利的績效評估，建議給下屬令人不快的工作調換甚至降職，還限制加薪。

你不一定非得做個領導者或擁有正式的權威才能享有權力。你也可以透過你的個人特點，如專長或個人魅力來影響他人。在當今的高科技世界，專門知識已經成為一種日益重要的影響來源。隨著工作的日趨複雜和專業化，組織和組織成員必須依賴有專門知識或技能的專家來完成既定目標。舉例來說，軟體工程師、會計師、工程師等等，在組織中可以利用他們的專長來行使權力。當然，魅力也是一種有力的影響力來源，如果你擁有魅力，你可以用這種魅力讓別人做你想要的。

有一個寓言故事描述了北風與太陽鬥智的情形：北風自恃風力高強，要太陽向它俯首稱臣，太陽則不甘示弱，於是雙方爭論不休。

正爭著，見前面有一行人徐徐而來，於是他們相約以行人作為比鬥對象，看誰能使行人脫下衣服就是贏家。

北風搶先出手，他殺氣騰騰，不斷施展其強烈彪悍的雄風，企圖使行人就範。但只見行人把衣領越拉越緊，雖然難以忍受，但是就是不肯鬆手。最後北風眼見其謀不遂，只好罷手。

接著輪到太陽施展身手，只見它綻開笑臉，緩緩施展其威力，於是寒氣盡失，光輝普照。這個行人也就極其愉快得將大衣脫下來了。

這個故事告訴我們：僅僅依靠權力，雖然令人生畏，但也會使人極力反抗，即使人們敢怒不敢言，也難叫人心服口服。而魅力則使人自動解除情緒的武裝，而誠心歸順，相形之下，權力顯然無法與魅力一較高下。

徒有權力是不能使領導者掌握民心士氣的，而魅力的素養顯然是卓越領導者不可或缺的重要方面，因此，一個優秀的領導者必須牢記：不光要善於把握和運用權力，更要善於溫和運用魅力；只有將權力和魅力兩者結合起來，領導者才能實現對下屬的真正管理！

權力能讓領導者做到許多事情，但卻並不能保證做得最好。

有人說領導藝術就是一種智慧，就是精心運用和實現手中的權力。這話一點也沒錯，領導者經營著權力。他們透過推動他人按照他們的意願行動來達到目標。他們讓事情發生，使事情完成。

一個人在組織中的地位越高，他個人所擁有的權力也越大。因為領導者的優越地位，他可以指揮和引導他人的活動，調解存在的差異，必要時也可以強制命令。所以，權力對管理過程來說至關緊要。權力就是傾聽他人、化解衝突、說服他人的能力。權力還是抑制破壞性的不滿情緒、防止人們討論可能有破壞性的話題、壓制沒有好處的批評的能力。

因此，在許多人的眼中，領導者就是權力的代名詞，意味著命令與遵從。這僅僅是權力的一種表象。因為，領導者在組織中並不擁有全部的權力。即使是那些最普通的員工也擁有某些權力。一般來說，權力受職務影響。權力都是與職務相關聯的，所以叫職權。權力的大小受職務大小的限制。你不能超出你的職務行使某種權力，也不能在你的職務範圍內不行使這個權力。用多了叫濫用權力，用少了叫不負責任。

所以說，你有多大的權力就有多大的責任。當你是一個領導者的時候，不光意味著權力，更意味著責任（和職務相關的責任）。職責不光是指你「管」的範圍。舉個例子，行銷總監的職責不光是對全公司的行銷進行管理，更多的是承擔培養的責任，發展的責任，激勵的責任。

不要相信權力是萬能的，因為權力不能帶給你的東西太多。

權力不能帶來激勵。人的需求是內在的，你用權力不能夠激勵它，因為不一定能滿足他的需求。

很多領導者會說，誰說我不行，年末的時候，我給他紅包，他不是對我千恩萬謝的嗎？實際上你知道下屬在想什麼嗎？他們會說，這是我應該得的，甚至還有人會說，早該給我們了，本來按季度發，現在到年底才發，你們省多少錢啊。

權力不能使人自覺。權力是把自己的意願強加於人，有可能你的意願剛好是別人想做的事情，更多的時候是你的意願跟別人的不一樣。迫使別人做事情怎麼能帶來自覺呢？

權力不能使人產生認同。有些領導者一拍桌子：就這麼定了！一次兩次有效果，時間久了，下屬就跟你討價還價了，甚至當面跟你頂撞。原因很簡單，權力不能使人產生認同。秦始皇當年焚書坑儒做什麼呢，不就是想用權力統一思想嗎，那他做到了沒有呢？秦始皇沒能做到的事情，你能做到嗎？

權力對下屬的影響有限。有個小故事非常經典，說的是有個總經理喜歡講笑話，他一講笑話，公司裡的人就樂得哈哈大笑，有一天，這個總經理又在公司裡講笑話，大家又樂得哈哈大笑。忽然他發現有個員工面無表情，就點他的名問：「哎！你怎麼不笑啊？」那員工只冷冷回敬了一句：「我明天就走了。」

人格

在今天，「領導者」一詞被賦予的內涵從來沒有如此豐富過，它已不再是人們心目中強硬的鐵腕象徵。「權力」更加依附於影響、支持、信任、實現目標等諸多要素而發揮作用。

管理的過程不再是簡單的命令與執行，而是一種將組織與個人的潛力釋放的催化過程。其任務是去發現、發展、發揮、豐富和整合組織與個人已存在的潛力。有句話說，「今日，真正的領導權來自影響力」，權力必須靠領導者自己爭取，除非下屬賦予你權力，否則你根本無法指揮他們。

一個「權力萬能論」的信奉者，不久就會發現，單純的權力不可能給予組織永續的成長與發展。

徒有權力是不能使領導者掌握民心士氣的，魅力的素養顯然是卓越領導者不可或缺的重要層面。

6　用榜樣的精神帶動員工

現代領導者是美的生活的組織者、引導者、感受著和創造者。作為領導者，自己首先應該是美的化身。尊敬是贏得的。沒有人能透過，也不應該透過發號施令獲得他人的尊敬。

人們根據領導者所做的而不是他所說的，對他做出判斷。因此，領導者必須重視以身作則、樹立榜樣的力量。在進行日常的工作時，領導者要意識到大家正在看著自己，自己發揮的榜樣作用對員工有很大的影響，當然要比口頭建議、發表演講或其他形式的交流效果要好得多。

但令人感到遺憾的是，一些領導者在到達了某個級別之後，他們不遵守過去的標準，卻希望他們的下屬能夠遵守這些標準。領導者甚至相信，他們的職責是命令別人去做，他們做不做並不重要。最大的錯誤在於，如果連他們對自己做這些事情都沒有堅定的信心，那麼讓別人去做也不會帶來任何成績。

領導者是組織中的一員，但又不是一般的成員。手中握有對整個組織實施管理的權力，肩上擔負著保證組織生存與發展的責任。這就決定領導者的品德和才能要高於一般的組織成員，其行為的水準要高於其他人，而不能混同於其他人。「領導者」一詞含有走在前面的意思，就是率領大家向著既定目標前進。這就要求領導者要在行為上做組織成員的榜樣。

在一個組織中，人們往往模仿領導者的工作習慣和修養。由於領導者的職責大於一般人，其引人注目的程度就遠非一般人可比。大家的目光總是時時刻刻在領導者身上掃來掃去。領導者的一言一行，一顰一笑，都會受到大家的審視和仿效。領導者的行為有利於組織，大家會仿效；領導者的行為有損於組織，大家也會仿效。這種普遍存在的追隨效應，決定了領導者必須牢固樹立榜樣意識，嚴於自律，在行動上為大家做出好的表率。

通常，在與領導者相處一段時間以後，下屬容易變成和他們上司一模一樣的人，因為人們的確會從他們的上司那裡尋求指導。這種效仿，不管是有意識的，還是下意識的，滲透在他們工作的各個層面。所以，你希望什麼樣的人為你工作？不管是行為上的還是交流層面的，你希望獲得什麼樣的結果？一切從自己開始！

最有效的領導方法是身體力行，而不是發號施令。

孫策是三國時代才幹出眾的軍事家和政治家。吳國的基業，多半是由他創下的。他的父親孫堅，實際上從屬於南方的袁術勢力，生前雖有建樹，卻因受袁術操縱，跨江擊劉表而身死。孫堅死時，孫氏基業幾乎減縮到零。年僅十七歲的孫策在袁術手下工作了一段時間，就渡江而去，逐一擊敗江東的大小割據勢力，創立了一個強而有力的孫氏政權。可惜的是，這顆耀眼的明星升起時間不長就隕落了。縱觀孫策短暫的一生，是銳意進取，開拓創業的一生。

在孫策身上諸多的優秀品格中，有一點十分突出，就是身先士卒。從第五十回的「太史慈酣鬥小霸王，孫伯符大戰嚴白虎」中，就可見一斑。作為江東的霸主，三軍的統帥，按常理，孫策的主要任務應當是指揮作戰，而不應親自衝鋒陷陣，但孫策認為，如果自己「不親冒矢石，恐將士不用命耳」，所以，他常常親自出馬，與敵方的戰將拚殺。憑著高強的武藝和超人的膽氣，他與劉繇手下猛將太史慈殺得不亦樂乎，其情形與典韋戰許褚，張飛戰馬超頗為類似，只是典韋、許褚、張飛、馬超都是勇悍的戰將，孫策則是一個軍事集團的領袖。在另一次戰鬥中，劉繇部將于糜與孫策交戰不到三個回合，被孫策生擒，挾在腋下回陣，劉繇另一部將樊能挺槍來趕，孫策回頭大喝一聲，聲如巨雷，樊能驚駭，栽下馬破頭而死。孫策回到門旗下，于糜已被挾死。孫策挾死一將，喝死一將，自此人稱「小霸王」。

在成功的道路上，人們遲早會遇到指責和批評，如果你想成為一名出色的領導者，你應該去迎接暴風雨的襲擊，接受批評和指責。

世界上最有力的論證莫如實際行動，最有效的教育莫如以身作則；自己做不到的事

千萬勿要求別人，自己也會犯的錯誤要先批評自己，先改自己的。

7 熱情+感染力=動力

作為領導者，要把熱情帶給自己的員工，用你的熱情來感染你的員工。若一個組織中領導者失去了熱情，整個組織員工也肯定會灰心喪氣。「天時不如地利，地利不如人和」。在天時、地利與人和三個因素的對比中，人和更為重要。

一個擁有強烈的熱情但缺少技巧的領導者，遠遠勝過一個有很強的技巧但缺乏熱情的領導者。

對於一個人的成功，我們常常看到的是人們的資歷、智慧、教育以及其他背景因素。但如果你仔細觀察卓有成效的領導者，就會發現他們並不符合一般的刻板模式。

要想把目標變成現實，就必須使管理內部具有昂揚的精神和充沛的熱情，以此來感染全體成員。一個能夠刺激組織成員潛能的領導者，可以使人振奮，同舟共濟充滿熱情。同時，領導者要重視情感的交流，用最佳的方式點燃每個人心中的熱情。

在美國前五百大企業的總裁中，其中有百分之五十以上，在大學時代成績平均在C

或C以下。歷屆美國總統有將近百分之七十五，在學校成績是平均水準以下。那麼是什麼因素，使一個看起來平凡的人取得偉大的成就？答案是熱情。一個人的熱情，就能使他與眾不同。試想一個人如果不熱愛自己的事業，又怎麼能奢望成功？

沒有熱情產生不了出眾的結果，就像一支小火把只能帶出微弱的光熱。熱情的火焰越強烈，潛在的成功就越大。當一顆心被燃燒起來時，絕望就消失蹤跡了。這也是為什麼熱情洋溢的領導者總是具有感染力。

日本SONY公司很注重用親情感化員工，公司內的主管，每天早晨用五分鐘時間開個短會，與當班工人會面。發現誰的臉色不好或情緒低落，總要問清原因，員工若遭遇某些困難，公司都設法幫助解決，這種作法大大激發了員工為公司努力工作的積極度。

人們心中的熱情是無可取代的，它是意志力的燃料。如果真的想要去做某件事情，你就會產生足夠的意志力去完成它。而要產生那樣的欲求，唯一的辦法就是培養你心中的熱情。

如果你決心追隨自己的渴望，而不是別人的期望，那麼，你一定會變成一個更願意付出代價、更有創造力的人。這也會使你對人的影響力大大增加。最後，你的熱情將會比你的個性更能影響他人。

人們意識到，尋找某個職位並不是為了實現個人愛好。明白了這一點，並選擇與自己理想和價值觀相符的生活，已成為人們的關鍵轉捩點。有人認為「生活就是和諧，如果不完全和諧就是精神苦惱，這是不值得的。」社會學家認為：「我們今天正處於一個過分看重物質的時代，不僅如此，我們的感情也在逐漸退化乃至壞死。我們不再自由歌唱，不再手舞足蹈，我們甚至連犯罪都帶有幾分懶洋洋的樣子，缺乏生機活力。」

如果熱情不再是你生命中的特質，那麼，你要成為一個領導者就有困難了。斯湯達爾說過：「在熱情的激昂中，靈魂的火焰才有足夠的力量把創造天才的各種材料熔於一爐。」事實上，作為領導者，如果連你自己都感受不到熱情了，那麼你就無法有效管理別人。如果你心中缺少一把火，你就無法在你的組織中燃起烈火。

沒有熱情，人只不過是一種潛在的力量。就像火石，在它能夠發出火星之前等待著鐵的撞擊。

8　合理利用狂風和細雨

主管在執行工作中，懷柔雖好，但過猶不及，過度的懷柔，會影響到你的權威。因此，主管該揮起大棒，就要揮起，但一定要掌握方法和分寸。

上下級之間的感情交流，不怕波浪起伏，最忌平淡無味。有經驗的主管在這個問題上，既勇於發火震怒，又要有懷柔的本領，既能拍你一把掌，又能替你揉一揉。

我們都知道，大型水庫在每年的汛期時都要開閘放水用來沖沙，如果不及時開閘放水，就會導致潰壩或泥沙堆積使水面上升。在人際關係中，尤其是主管和下屬之間也是如此。心理的「水庫」累積太多怨氣時，必然會發洩出來。因此，當下屬有怨氣要發洩時，就要採取一定的方式讓他發洩。有沙不沖會破壞水庫，同樣，有怒氣不發洩會憋出病來。

在平時工作中，適度適時的發火是必要的，特別是原則問題或在公開場合碰了釘子時，或對有過錯的人幫忙無效時，必須以發火壓住對方。當主管確實是為下屬著想，而下屬又固執不從時，主管發火，下屬也會理解的。

但是，發火不宜把話說過頭，不能把事做絕，那樣的話就無法達到說服的目的了，應注意留下感情補償的餘地。主管話一出口，一言九鼎，在大庭廣眾之下，一言既出，駟馬難追，而一旦把話說過頭，則事後騎虎難下，難以收場。

發火應當虛實相間。對於當眾說服不了或不便當眾勸導的人，不妨對他大動肝火，這既能防止和制止其錯誤行為，又能顯示出主管具有威懾性的力量。但對有些人則不宜真動肝火，而應以半開玩笑、半訓斥的方式去進行。使對方不能翻臉又不敢輕視。

另外，發火時要注意樹立一種被人理解的「熱心」形象，要大事認真，小事隨和，輕易不發火，發火就叫人服氣，長此以往，主管才能在下屬中樹立起令人敬畏的形象。令人服氣的發火總是和熱誠的關心幫助聯繫在一起的，主管應在下屬中形成「自己雖然脾氣不好，但古道熱腸」的形象。

日常發火，不論多麼高明總是要傷人的，只是傷人有輕有重而已。因此，發火傷人後，需要做一些懷柔政策，即進行感情補償，因為人與人之間，不論地位尊卑，都是有自尊的。妥當善後要選時機，看火候，過早了對方火氣正旺，效果不佳；過晚則對方積憤已久不好解決。因此，以選擇對方略為消氣，情緒開始恢復的時候為佳。

撫慰心靈受傷的下屬，要視不同的對象採用不同的方法，有的人性格直率，是個粗人，主管發火他也不會放在心裡，故善後工作只需三言兩語，象徵性表示就能解決問題。有的人心細明理，主管發火他能理解，也不須花太大的工夫。而有的人則死要面子，對於主管向他發火會耿耿於懷，甚至刻骨銘心，此時善後工作則需要細膩而誠懇。對這種人要好言安撫，並在以後尋機透過表揚等方式予以彌補。還有人量小氣盛，則不妨使善後拖延進行，以天長日久的工夫去逐漸感化他。

主管在進行領導和指揮時，若沒有令對方與下屬感到畏懼的威懾力，是不容易盡責稱職的。單是一張和藹的臉、一番漂亮的言辭所產生的作用，也是非常有限的。只有恩

威並施，才能駕馭好下屬，發揮他們的才能。

9　堅定的信心和意志

領導者的興趣愛好、情感、情緒以及氣質、性格，通常直接表現於外，使人能馬上看到和體會到，具有明顯的特點。然而還有一些是深藏於內的，並不直接表現出來，而是透過其他形式婉轉地表達出來，使人不易察覺，卻對領導工作有著深遠影響力，比如領導者的信心與意志力等等。因此，作為領導者應當學會培養自己這些心理特質，使之為成功鋪下堅實的基礎。

信心和意志力是行動的基礎，是人走向成功的非常重要的心理特質。一個領導者只有心裡充滿必勝的信念，對自己所從事的事業確信無疑，並且有堅忍不拔的意志力，他才可能邁出堅定的步伐，產生克服萬難的力量、技巧和精力，想出解決問題的方法和對策，贏得他人的信賴和支持，最後才能達到為之奮鬥的終點。

首先，信心和信念是成功者應具備的最基本、最重要的心態，是領導者必不可缺少的心理特質。一個樂觀自信、深信自己所從事的事業會成功的人，必定會走上成功之路。相反，一個懷疑自己能力、對未來失去信心的領導者，必然不會獲得成就、走向成功。

信心和信念能夠激發人的情緒和力量，激發人的積極度，充分開發人的智慧和潛力，堅定人的意志，去完成任務、實現理想，甚至成就偉大神聖的使命。

相反，一個領導者沒有必定成功的信心，對所進行的工作充滿懷疑，那麼，他就不會全心全力投入，遇到困難馬上就會停滯不前，使事業半途而廢，前功盡棄。

一個領導者一旦具有了必要的信心和信念，就會馬上付諸行動，著手實施已定的方案、計畫，但在這個過程中會遇到各種困難，有時是意想不到的各種阻力，可能會遭受一次次失敗的打擊。這時，作為領導者，如果沒有堅強的意志和毅力堅持到底，美好的理想、遠大的目標會付諸東流，已建立起來的信心和信念會頃刻被推翻。

意志，就是自覺確定目的，並根據目的來支配、調節自己的行動，克服困難，從而實現目的的心理過程。人們為了實現某種預想的目的，根據自己對客觀現實的認知，主動、堅決克服困難，去變革客觀實際的活動叫做意志活動。在意志活動過程中，個人形成的意志特點，就是一個人的意志品格。

北宋時期，著名的政治家王安石為了使社會有一個大的發展，更加維護皇帝家族的利益，進行了全面的改革，起初得到了當政的宋神宗的支持。可是，新法觸及了一些官僚地主的利益，遭到了保守派官僚、外戚和宦官們的大舉進攻，又由於變法時用人不當，內部出現了分裂，特別是支持變法的皇帝——宋神宗也聽信讒言，開始動搖，致使變法再也推行不下去，最後以失敗而告終，這大大打擊了王安石的積極度，使他罷相出任江寧知府。

可見，領導者的意志不堅強、沒有主見，只會造成事業的失敗，帶來人心的渙散。

諸如意志、耐心、率直等等都是一名優秀領導者不可或缺的涵養，領導者唯有從這些方面不斷鍛鍊自己，才能真正成就一番屬於自己的成功事業。

10　信守諾言——領導者的生命

領導者的生命是什麼？是信守諾言！

作為一個主管，記性一定要好，既要記得下屬的名字，更要記得曾對下屬說過的每一句話。切記不要忘記自己說過的話，否則你將失去領導者的信譽。

領導者的信譽是一種碩大無比的影響力，也是一種無形的財富。主管如果能贏得下屬們的信任，眾人自然就會無怨無悔服從他、跟隨他；反之，如果經常言而無信、出爾反爾、表裡不一，別人就會懷疑他所說的每一句話、所做的每一件事。日本經營之神松下幸之助說過：「想要使下屬相信自己，並非一朝一夕所能做到的。你必須經過一段漫長的時間，兌現所承諾的每一件事，誠心誠意做事，讓人無可挑剔，才能慢慢培養出信用。」假如你要增進更多的領導魅力，必須努力做好一件事：讓你的夥伴稱讚你是一位言行如一的人。

假如你想贏得卓越的駕馭下屬的能力，就必須做到言必行、行必果。這些忠告應時時出現在心裡：不要承諾尚在討論中的公司決定和方案；不要承諾辦不到的事；不要做出自己無力貫徹的決定；不要發布你不能執行的命令！

假如打算說話一諾千金，就必須誠實。因為誠實是高尚道德標準的一種表現，意味著人格的正直，胸懷的坦蕩而且真摯可信。想成為別人的榜樣嗎？那就誠實對待別人吧！

假如能抓住、理解並實踐責任和榮譽的重要性，也有一些技巧供你參考：知道什麼該說，什麼不該說；知道對不同的對象講話方式不一樣；知道在不同的場合講話方式不一樣；知道講話的技巧，不求刻板；知道講話有餘地，而不要一下把話說死；知道講話不是憑情緒來的，而是憑理性的；知道把話說到什麼程度最合適；知道說過的話，就要算數！

假如你想發展高水準的誠實品格，請記住這些忠告：任何時候做任何事都要以真摯為本；說話做事都力求準確正確；在任何文件上的簽字都是你對那個文件的名譽的保證，相當於你在個人支票、信件、備忘錄或者報告上的簽字；對你認為是正確的事要給予支持，有勇氣承擔因自己的失誤而造成的惡果；任何時候不能降低自己的標準，不能出賣自己的原則，不能欺騙自己；永遠把義務和榮譽放在首位，如果你不想冒放棄原則的風險，那你就必須把你的責任感和個人榮譽放到高於一切的位置上。

慎勿毀約。毀約近似於說謊。對下屬說謊，無異於在下屬面前翻臉不認帳，自毀形象！下屬對主管感到不滿的，通常說謊者占絕大多數。因此，主管對於下屬有一件事絕對要避免，那就是「毀約」。

莫非世上有這麼多愛說謊的主管？實際上，經過仔細推敲之後發現，有許多主管說謊多半是迫不得已的：有時是主管內心並不想說謊，但由於各種因素，造成主管無法履行約定；也有時上司本身了解實情，說出來的時機還不成熟，因此被迫說謊，但是下屬並不了解整個事件的性質；還有的是因為主管發生了誤會，記錯、說錯或聽錯而造成的。即使如此，主管也不能輕率處理此事，他們應該堅守一項原則——我絕不對下屬說謊。

下屬通常會隨時注意上司的一言一行。一旦發現上司的錯誤或矛盾之處，就會到處宣揚。雖然此與信賴並不矛盾，但是被捉到小辮子也不是一件光彩的事。實際上，下屬信賴上司的程度，多半超過上司的想像。因此，一旦下屬認為「我被騙了」，那麼他對你所產生的憤怒是無法計算的。

你可能碰到原先認為可以完成的任務卻突然失敗的情形，因而無法履行和下屬的約定。此時，你應該儘早向對方說明事情的原委，並且向他道歉。若你說不出口，而又沒有尋求解決之道，事態將變得更嚴重。如何道歉呢？道歉的訣竅在於尊重對方的立場。一開始你必須表示出你的誠意，若你只是一味為自己辯解，企圖掩飾自己的過失，只會招致嚴重的後果。一旦說謊的惡名傳開來，就很難磨滅掉，必須花費相當長的一段時間，才能將此惡名根除。

在工作職位上，如果你必須說謊時，最好在事後找個機會說明事實。但說明不能只是一個藉口。畢竟對方因為你的謊言而陷於不利的處境，或遭遇不愉快的事情。因此，你應先對你的謊言誠懇道歉，接著再加以補充說明。如果對方能夠了解你的用心，是最好不過了。但是，一諾千金不能只停留在口頭上，而必須付諸行動！言行不一、欺騙下屬是主管必須克服的病症，否則將會自食苦果，毀於一旦！

怎樣建立信譽？應從說過的每一句話、每一個行動開始，做到言行一致，誠信待人。你會發現你的責任感增強了，影響力也逐漸提高。

要想成為一個優秀的領導者，始終抱持一諾千金的準則、對自己的每一句話負責到底、「一言既出，駟馬難追！」是必須做到的事。

人格

角色

今天，卓越的領導能力關鍵在於影響他人的能力，而不是職位所賦予的權力。

1 權力＋影響力＝魅力

領導者用權是一個複雜的過程，領導者的身分和社會地位、組織系統的結構最佳化程度、人際關係、授權與分工、社會心理、管理方式、領導者素養、傳統習慣、理想信念等，都會對領導者權力運用的效果產生不同的影響。

只有妥善使用權力這把劍，領導者才會得到應有的尊重，才會增加自己的魅力。

領導地位的取得有其合法性、正當性，不同職位就有一定的權利與責任。在合法的範圍內，他可提出要求、命令與指揮、調度，因為他要對使命與目標負擔全部責任。

凡是領導者，手中都有其職責範圍內相應的權力。在運用權力的過程中，有的人大顯神通，有的人成績平平，有的人專權越權，還有的人甚至濫用職權。不難看出，權力在實際的管理過程中可以發揮不同的作用、引起不同的效果。

領導者在對下屬成員的表現予以評定時，要因其各種表現予以酬賞肯定或讚美，滿足下屬成員的要求。若下屬成員的表現不符合要求或違抗命令，則要對其行為懲戒，使其遭受損失或痛苦。對領導者自身而言，要熟練專業知識與技巧，經驗豐富，具有專家的形象與自信；遇到困難、危機能夠表現專業與決斷，保持專業知識的靈通；能了解下屬關心及所憂慮的事，並設法解決它。領導者本身內在素養、道德節操無時無刻不在影響著下屬，作為下屬的表率及模仿的對象，平時生活與工作應關懷下屬，以非正式溝通方法減少地位上的隔閡，與下屬建立既是師又是友的關係，以德服人，在道德感召之下影響下屬的行為。

領導者在指揮下屬時，不妨學會融會貫通管理智慧的用權之術，合理授權、正確指揮、及時應變、大膽放權，將使用權力運用得更加有成效。領導者在放權時，要信任值得信任的下屬，並且要時時表現出這種信任來。如果一個人認真完成了領導者交代的事，不要過多去提醒和指示，要讓他不受干擾的工作，讓他覺得到自己得到了應有的尊重，會更增加他把事情做好的信心。

但是，領導者用權不能大事小事都管，應該做到許可權與能力相搭配，權力與責任相結合，獎懲要兌現。合理授權，管自己該管的，把權力適當下放出去。一個具有領導魅力者應善於把好鋼用在刀刃上，厚積薄發，舉重若輕。領導者權力的運用，要靈活多變，使權力用得更合理。領導者權力越大，責任也就越大。合理用權、靈活使權都是負責任的領導者少犯錯誤、正確決策、有效解決矛盾及處理問題的藝術。領導者對核心的接近，或因個人與上層有特殊關係，或所管理部門績效特別顯著，使得個人前程一片光明、資源豐富，也很容易影響他人。

如果說傳統意義上的領導者主要依靠權力，那麼現代觀點認為，領導者更多的是靠其內在的影響力。一個成功的領導者已不再是指身居何等高位，而是看你是否擁有一大批追隨者和擁護者，並且使組織群體取得良好的成績。可以說，領導者的影響力已成為衡量成功領導者的重要標誌。

正直、公正、信念、恆心、毅力、進取精神等優秀的個人特質，無疑會提升領導者的影響力和個人魅力，從而擴大其追隨者的隊伍。領導者的個人價值觀會吸引具有同類價值取向的人凝聚於組織，增加對組織的認同感和歸屬感；同時，領導者的人格和價值觀還會對組織成員產生潛移默化的影響，成為組織預設的行為標準。具備優秀價值觀和人格的領導者，使組織成員對其產生敬佩、認同和服從等心態，無疑會提高你的影響力。

領導者功能發揮得如何，從一定意義上講，就取決於權力運用藝術水準的高低。現代領導者必須成為用權、用人的高手，能否用權力和影響力表現你的魅力，是檢查領導者能力的考場。

2　如何做好領導者角色

上司與下屬的關係，不只是管理與被管理的關係這麼簡單。領導者如果一味下令下屬做這做那，那工作一定會很亂。一個成功的領導者不是指身居何等高位，而是指擁有一大批追隨者和擁護者，並且使組織群體取得了良好績效。影響力日漸成為衡量成功領導者的重要標誌。

我們不可否認，「撞鐘和尚」是由於強迫員工做他不願做的事造成的。現實中有很多主管都是以命令的方式來強迫員工做自己不願意做的事，結果並不理想，同時也大大妨礙了員工自己的發展。

領導者，是人人羨慕的職位，人們常將努力、財富與之相提並論，賦予它至高無上的榮耀，因此，許多人刻意、甚至瘋狂追求它。但是我們不禁要問，那些大權在握，掌握「生殺」大權的領導者，究竟有多少人魅力十足，真正令人心悅誠服、願意矢志相隨？或他們只是徒有「拳力」，只是大家趨炎附勢、攀交拉結的對象而已？用人之道除了隨環境而變外，還要考慮使用對象這一要素，也應該隨對象的不同而不同。片方善治指出：「不了解對象，就不可能發揮領導作用。」領導者要累積用人的經驗，不斷改進領導方式，使自己隨時適應新的環境、新的用人情況。

在領導關係中，上司取信於下級，不是靠著領導者身臨其中的居高臨下，也不是身先士卒的駕馭指揮，更不是依靠權力來大聲的發號施令，而是領導者的人格力量、素養、魅力以及對員工實現人性化的管理，這種非權力的影響力也是領導者事業成功的保證。

做一個好的領導者，只靠發號施令是不夠的。在這個文明的、民主化的時代，需要以人為本，因而管理方式也必須做出根本性的改變。

如何運用非權力影響力取信於下級，要注意以下幾方面：

一、實事求是

上司取信於下級，實質上就是以「實」取信。實則信，虛則疑。以實取信，就是實事求是，一切從實際出發，說實話、辦實事，而非弄虛作假，敷衍、糊弄下級。總之，只有不失信於下級，才能取信於下級。

（一）不輕易承諾、許願

有時下屬會出於各種目的和困難，向主管提出各種要求，主管要認真分析，並廣泛徵求團隊成員和其他員工的意見，再做出答覆。能辦到的，就告訴下屬可以辦；暫時有困難的，就告訴下屬為什麼辦不到，得到他們的諒解。只有言必信，行必果，說到做到，才能取信於下級。

（二）秉公辦事，不施小恩小惠和「小動作」

廉生威，公生明。上司對下級一視同仁，講求公平，不施小恩小惠；否則，得到上司小恩小惠的人可能一時高興，反而失信於多數下級。何況被拉攏的人不乏正直之士，他們也會保持警惕；即使私心重的人喜歡接受這種小恩小惠，但他們以後還會得寸進尺要求更多，一旦更多私欲達不到，他們也會遷怒於人。所以，玩弄權術和小恩小惠的人，遲早會「兩邊不討好」，失去下級的信任。

二、充滿熱情

上司要取信於下級，就要對下級有一種熱情。熱情不熱情，關鍵在感情。如果上司自視清高，缺乏應有的熱情，既不會去親近下級，更不會去信任下級，當然也就難以使下級產生親近感和信任感。

在現代社會裡的上下級關係，不是封建社會裡的君臣、君民、臣民關係，也不是驅使與被驅使、人身依附關係，而是平等、友愛、合作的新型關係。

三、充分信任

取信於下級的前提是必須信任、依靠下級，如果連下級都信不過，勢必難以讓下級信任自己。

（一）語言上表達信任

要在語言上表達出始終是依賴下級並尊重下級權力的。無論是個別談話，還是在大庭廣眾之下；無論在順境中獲得成績的時候，還是在逆境中和遇到困難的情況下，都要表現出充分信任下級，相信下級是會衝出困境、迎來光明的，以堅定下級戰勝困難的信心，鼓舞其鬥志，增強其勇氣。

（二）使用上給予信任

上司對下級的使用給予信任主要是兩點：

①求全責備

由於各人的特質、經歷、性格、修養等方面的差異，表現在思想品格、學識、能力上也互有短長。上司不能孤立片面看待下級，在使用上應讓他們各盡其才。

②「疑人不用，用人不疑」

這是古訓，但對今天的領導工作也不無借鑑。領導者在「疑人不用」的前提下，既用人，則不疑，應給予應有的信任，以激發下屬的工作熱情和奉獻精神。

四、生活體貼

領導者應該及時了解大眾情緒，把握下屬的想法，要力所能及的幫助下屬解決具體問題，關心下屬的疾苦和困難，幫他們排憂解難。

五、非原則問題寬容

上司在處理與下級的關係時，對於原則問題，應該一絲不苟、從嚴要求；而對於一些非原則問題、細枝末節問題，則要持寬容態度，不予計較，這也是一種對下級的信任。

要想坐好自己的領導者座位，就不要時時擺出你的「架子」，那樣會使你和下屬之間產生一種厚厚的無形的牆，不但不能征服人心，反而會使人們離你越來越遠。這樣，你的權力威嚴也隨著距離的產生而減弱了。

3　不要只唱「獨角戲」

領導者不是「工頭」，一朝天子一朝臣的狹隘思維只會使組織的整體智商越來越低，但我們不得不承認，有種普遍的似是而非的觀念正在阻礙著領導者運用下屬的工作能力，他們總是害怕把下屬培養起來後，會取代他們的領導地位。

事實上，領導者培養自己的下屬並不是「水落石出」，而是「水漲船高」。下屬的能力越強，領導者的成績就越大，會為你創造更多的價值。

在漢末三國時代的群雄中，求才慾望最為強烈的應當屬曹操，曹操最懂得人才的重要性。《三國演義》第三十三回寫到曹操平定冀州後，親自前往袁紹的墓地祭奠，曹操向眾將述說了他本人與袁紹共同起兵討伐董卓的一段談話。

袁紹說：「如果討伐董卓不能成功，『吾南據河，北阻燕代，南向以爭天下，庶可濟乎？』」曹操答：「吾任天下之智力，以道禦之，無所不可。」這裡的「智」是指謀臣，「力」是指武將。可見初露頭角的曹操，就把人才作為自己建功立業的根本。正因為對人才的重要性有著最為深刻的理解，因而曹操的求才慾望也是最強烈的。

官渡之戰之初，形勢對曹操十分不利。袁曹兩軍對峙，處於膠著狀態，曹操不僅兵力少於袁紹，而且糧草也接濟不上，曹操萌生了退軍的念頭。許攸年少時曾與曹操有交情，此時在袁紹那裡做謀士，不僅得不到重用，反而遭人誣陷，被袁紹斥罵，百般無奈，只好棄袁投曹。許攸溜出袁紹的營寨徑直奔曹營，被曹操的軍卒抓住。許攸說：「我是曹丞相故友，快幫我通報，說南陽許攸來見。」時操方解衣歇息，聞說許攸私奔到寨，大喜，不及穿履，跣足出迎。遙見許攸，撫掌歡笑，攜手共入，操先拜於地。許攸慌忙扶起曹操說：「公乃漢相，吾乃布衣，何謙恭如此？」曹操說：「公乃操故友，豈敢以名爵相上下乎？」許攸說：「某不能擇主，屈身袁紹，言不聽，計不從，今特棄之來見故人，願賜收錄。」曹操說：「子遠（許攸字）肯來，吾事濟矣！願即教我以破紹（袁紹）之計。」

一個人才前來投奔，身居丞相位的曹操，竟然大喜到了來不及穿鞋、光著腳出迎的地步，而且還「撫掌大笑」、「先拜於地」，這段精彩的描述，生動說明了曹操求才之渴的程度。

除上述對待投奔的許攸表現出的得意之外，《三國演義》對曹操的求賢若渴還有許多具體的描述。

曹操聯絡袁紹等人起兵討伐董卓之時，便招募了樂進、李典、夏侯惇、夏侯淵以及曹仁、曹洪等一班武將。討伐董卓失敗後回到山東，更是大力招賢納士。先是荀彧、荀攸叔姪應招而來，二荀又推薦了程昱，程昱推薦郭嘉，郭嘉推薦劉曄，劉曄推薦滿寵和呂度，滿、呂二人又推薦毛蚧。曹操的態度是不厭其多，來者不拒，一經推薦，馬上委以重任，于禁、典韋兩員大將也被他網羅而來。自此曹操文有謀臣，武有猛將，威震山東。

可是曹操並不滿足，他的胃口大得很，對於他用得到的人才，見一個愛一個，想方設法弄到手，稱他為「人才收集狂」，一點也不過分。許褚、張遼、徐晃、張郃、龐德等勇將，都是被他運用各種手段網羅到自己團隊裡來的。

對於劉備新得的謀士徐庶，曹操用拘其母、假造書信的方式弄到自己手裡；長阪坡陷入曹軍重圍的趙雲，曹操因見其武藝不凡，竟下令軍兵不得放箭，只要捉活的，致使趙雲殺出重圍而去。

對由於誤中敵方離間之計，或因激怒而錯殺有用的人才，曹操往往是懊悔不已；得力人才戰死或病亡，曹操的悲痛程度比對自己親人的亡故有過之而無不及，武將如典韋、文臣如郭嘉都是如此。為了不損害自己求賢若渴的形象，使更多的有用之人投奔自己，狂士禰衡裸衣擊鼓辱罵曹操，曹操也不肯殺他，讓他去劉表那裡，藉以借刀殺人。

劉備一向有不居人下之志，曹操心裡非常明白，手下多有勸曹操殺之以絕後患的，曹操怕落得個「害賢」之名而不肯下手；曹操為了使關羽投降，答應其提出的苛刻條件，為了留住關羽他費盡了心血。這些都表現了曹操異常強烈的求才慾望。

如果說三國時代的軍事競爭，歸根究柢是人才競爭的話，那麼現代社會的競爭，無論是技術競爭、市場競爭、資訊競爭、資源競爭，說到底也都是人才的競爭。要想在激烈的競爭中求生存、圖發展，廣泛擁有各方面的人才是至關重要的。

人才問題不僅關係到一個企業、一個部門的生存發展，也關係到一個國家的盛衰存亡。曾經有人說過：「人才，是世界上所有寶貴的資本中最有決定意義的資本。」

一九三〇年代初，美國深感知識、人才的重要，除在本國加速人才培養外，還大量從國外引進科技人才。這些人才對美國的科技和經濟的發展，產生了決定性的作用，最終使美國成為世界頭號經濟強國。第二次世界大戰後，日本能夠在一片廢墟上使經濟迅速騰飛，重要的原因就是自明治維新開始就重視人才的培養。實踐證明，凡是在競爭中立於不敗之地的企業，肯定都擁有一批出色的技術和管理人才，因此，現代領導者必須有強烈的求才慾望。

領導者只有集思廣益、多納良言，聽取各個層面的不同意見，才能在制定組織發展策略的過程中不至於產生太大偏差。

企業用人，經常會考慮太多，既擔心如果給人才發展的機會，等他羽翼豐滿後，又跳槽它就，白白為別人培養了人才；又擔心不給他們發展的機會，企業又得不到充分的發展。作為領導者，要像曹操那樣，明白其中的道理。要想使企業得到迅猛發展，必須使人才得到各盡所能的發揮，這樣你的企業才能發展壯大。

一堆沙子是鬆散的，可是它和水泥、石子、水混合後，比花崗岩還堅韌。

4 有時裝傻也是明智之舉

作為領導者，處理問題要講究態度，有的問題在處理過程中可以熱誠一點，也有的問題可以冷漠一點，態度有時也是處理問題的一種尺度。

本來就不愛管閒事，卻偏偏遇上一個愛訴苦的下屬，叫你感到煩不勝煩。

主管周旋於公司各部門之間，周旋於商場各公司之間，還要與來自各方面的形形色色的人打交道，如果不具備一套行之有效的應付各式各樣的人的辦法，是很難做到面面俱到、在各方面都得到良好回報的。

老實說，主管心裡一萬個不想過問，連聽也不願意，就怕產生不必要的誤會，或者有後遺症，所以常常有進退兩難之感，卻苦於無法擺脫對方。

遇上這種「煩人」，既妨礙工作，又沒有好處，所以主管必須想辦法杜絕，這就要求主管能夠像「千面觀音」一樣，具備不同的面孔來對付不同的人。所謂「見人說人話，見鬼說鬼話」，如果抛開其中的諷刺、揶揄的意思不看，也自有其道理。試問，您若是對鬼也只說人話，它能聽得懂嗎？主管對於公司內部的成員，可以擺出多種面孔，每種面孔適應不同的場合；就如同京劇的臉譜一樣，每種類型的臉譜代表一定的性格。當主管，不能讓人一眼望去就知道是什麼性格，不然豈不是很容易上當受騙？主管大可以看情況的需求，先選一張合適的臉譜戴在臉上，再向企業員工說話。

領導者最大的任務，說得誇張一點——唯一的任務，就是找到經理人才，讓這位經理再找其他人才當副手，一層一層延續下去。領導者，依俗話說，躺著做就可以了。

劉禪一生真是幸福，父親劉備善於識人，為他選了一批以諸葛亮為代表的優秀人才輔佐他。

劉備在給劉禪的遺囑中說：「汝父德薄，不可效也。」大概是指伐吳一事告誡劉禪。阿斗十七歲繼位後，遵照劉備的遺訓，尊奉諸葛亮如父親，大小政事悉數委託諸葛亮。諸葛亮擁有劉備在世時所沒有的大權，對內掌權，對外用兵，阿斗從來不曾掣肘，不曾懷疑。

劉禪深知：「大樹底下好乘涼。」自己既然沒有治國安邦的本事，就別去干擾「相父」了，只做一些禮節性的事務吧。

別小看這個動作，換了別的國君，大可因嫉妒而萌生殺意，大可因聽信謠言而排擠

角色

諸葛亮，大可因嫌諸葛亮囉嗦而將他撤職，大可為了讓自己掌有大權、為了讓寵信的宦官呼風喚雨，而這樣那樣——但阿斗沒有，他不像曹操忌殺謀士，不像孫權會羞辱老臣，阿斗無能，唯一能做的，就是把事情交給諸葛亮，而這樣也就夠了。

劉禪信任諸葛亮，也信任「相父」舉薦的賢臣，如蔣琬、董允、劉攸之等人。在北伐期間，這些人為諸葛亮鞏固後方，使他無後顧之憂；諸葛亮死後一直到西元二五一年，國家平穩無事，都是這些人的功勞。諸葛亮死後十七年，國家大政方針都不曾改變，也就是說劉禪並不因為諸葛亮過世而別出心裁，妄動胡為。等到諸葛亮薦舉的繼任者相繼過世，宦官董皓才開始專權，此時已是西元二五八年，離亡國只有五年時間了。

劉禪投降後，還有個「樂不思蜀」的典故。也正因為他沒心沒肺，麻木不仁，隨遇而安，只要在物質上滿足，便什麼都無所謂了，才使得司馬炎對他十分放心，封化為安樂縣公，食邑萬戶，奴婢百人，此後又過了七年的快活日子才去世。

劉備奔波一生，為什麼？司馬懿裝瘋賣傻為什麼？還是為活著，為君臨天下！劉禪傻人有傻福，別人千方百計努力爭取的，他不費吹灰之力就得到了，難道對我們沒有什麼啟發嗎？

後世人中十有八九對劉禪嗤之以鼻，許多老闆自然也不願淪落到那種地步。

人有聰明和糊塗之分。聰明人明察秋毫，反應敏銳，把大大小小的事都記在心裡，總要找到解決辦法才肯罷手，往往心力交瘁，筋疲力盡；糊塗人把什麼事都能看開、看淡，反應遲鈍，反而活得瀟灑自如，輕鬆自得。

實際上，生活中的許多事不必看得十分真切，更不必都裝在心裡。裝傻是解脫煩惱的最好辦法，這樣，你才可以集中精力去想自己應該做的事，而不是將精力耗費在如何應對別人上。有些人活得累，事業無成，就是把太多的心思用在別人身上，輪到自己做事時，反而沒有精力了。

蘇軾說：「大勇若怯，大智若愚。」真正精明的老闆往往讓自己表現得十分糊塗，他們深知這才是智慧人生。

擺在面前的請求，如果是強人所難，一般人的辦法是拒絕了事。然而，針對不同的對象，拒絕方式不能只有一種，有時需要直截了當，有時需要婉轉隱晦裝裝傻。

5　做好「領頭雁」

領導者要始終遵循「事業為本，人才為重的原則」，真正做到「善任」。許多人一直認為領導者的工作就是計劃、組織、命令、協調、控制，這種領導方式使領導者的角色就像是「領頭牛」。在一群野牛中，每一頭牛都對「領頭牛」絕對忠誠、順從。「領頭牛」想要牠們做什麼，牠們就做什麼。

但是，一個高明的領導者，會明確下屬必須承擔的各項責任之後，授予其權力，從而使每個員工都能各司其職、各盡其責，使自己的管理變為引導。

領導的目的是引導團隊中的人努力工作去達到組織的目標。領導者引導組織中所有人鼓起幹勁，讓被領導者不覺得自己是被人管理，每個人都向自己所喜歡的方向發展，這才是高明的領導者。

但現實生活中，在牛群似的公司裡，有許多人在等待；更糟的是，他們只做領導者所告訴他們做的事，絕不會去多做——這就意味著這樣的領導者在「牛群」中得不到任何創造。

領導者的管理水準是公司發展成敗的關鍵。長期以來，領導者以命令的形式來強迫員工做這做那，結果並不理想，這大大妨礙了員工的熱情。領導者透過運用激勵原則將管理變為引導，在下屬員工中能夠獲得意想不到的效果，如：改變工作內容、改變工作氣氛、適當授權委任下屬員工經辦兩三件工作、將工作區分成好幾段等等。

管理與引導是不同的，管理無疑含有較多命令成分，而引導則相反，含有的命令成分少一些。把管理變為引導是領導者靈活運用激勵原則的高超表現，會得到意想不到的效果。

某工廠績效很差，雖然是按件計酬，但是產量就是無法提高。主管們採取了各種強制方法，就是沒有效果，員工們還是我行我素。迫於無奈，廠裡請來了幾位專家來處理這個問題。專家將員工分成兩組：告訴第一組，如果達不到要求，他們將被開除；告訴第二組員工，他們的工作有問題，他要求每個人幫忙找出問題出在哪裡。結果第一組產量不斷下降，壓力增加時，有的員工辭職不做了；第二組員工的士氣卻很高，他們按照自己的方式去做，負起增加產量的全部責任，由於大家齊心協力，常常有一些獨創的見解，只用了一個月的時間，產量就增加了百分之三十。這種效果完全是引導來的，強迫並不能提高員工的工作效率；相反，引導卻有效的激勵了員工，提高了業績。

作為領導者，真正想要的是一群負責的相互依靠的員工，就像一群大雁一樣。

我們知道，雁群以「V」字隊形飛行，領頭的位置經常變換。無論雁群飛往何處，每隻大雁都為跟上隊伍而盡心盡力；在需要時，大雁就會更換角色，或是領頭雁，或是隨從，或是「偵察員」；當任務改變時，雁群就會盡職調整隊形，以適應新的情況。

人與人之間的關係是相對的，彼此之間的感情交流非常微妙。你心裡在想什麼，對方很容易就會了解。因此，要使下屬付出，領導者必先付出自己的誠意。

生物學家把淡水魚從魚群中取出後以手術取出前腦，沒有前腦的魚在水中邊看邊吃邊游水，看起來並沒什麼不對，只有一點不一樣，就是當牠離開魚群之後，其他的魚沒有跟過來牠也不在意，左顧右盼，悠哉游來游去，這時其他的魚群反而跟著過來。

我們看出，即使在魚的世界裡，大家也要看看帶領大眾的先鋒的選擇是否正確，如果領導者不理會他人的看法而只管自己往前走，那麼，其他的魚還會跟隨牠嗎？

愛因斯坦就說過：「方法完美而方向模糊，似乎是這個時代的特色。」制定目標需要遠見卓識，具有策略眼光。一個領導者怎樣才能做到遠見卓識？

要想對未來有所規劃，首先必須了解現狀。有遠見卓識的領導者，要能夠正確了解組織目前所處的客觀現實環境；其次，應該對自己所領導的組織的發展有著明確的方向感，能合理勾勒出未來的藍圖；最後，你的工作不在於怎樣設計、詳細陳述這個遠景規劃，而應該側重於把握組織實現這個藍圖的發展方向上，使這種方向感深深植根於每個下屬的信念之中，激發下屬為事業而奉獻的精神，使他們把領導者的遠景規劃當成自己的一個遠大目標。

當企業面臨困境時，一味鞭策下屬拚命努力是行不通的，因為這種做法並未深入人心，所得到的也只是表面的敷衍罷了。面臨這樣的狀況時，最重要的就是領導者的意識改變，從領導者改變決心做起，下屬才能隨之而改變。

領導者要使下屬有明確的方向感，成為組織的「領頭雁」，而不是披荊斬棘、開闢道

路的「領頭牛」。

6　莫要隨心所欲表現自己

當一個人承諾做某事時，即使有困難，他們也會信守承諾。尤其對領導者來說，經常需要表態，這種表態對於下屬來說，則可能是指示、要求，也可能被認為是對某種事的定論。「說話算數」，意思就是言行一致。假如一個領導者說：「別擔心，這次合併並不會導致員工工作機會減少。」如果隨之而來的卻是不容分說的裁員，那麼，這位領導者將不會再得到信任。

因此，領導者的表態絕不可隨心所欲。表態要有根有據，既不做爛好人，又不無謂得罪人。領導者的角色地位決定了領導者必須持重練達，不論講什麼話表什麼態，不能超越一定的原則限度，也不能毫無原則的肯定或否定。

現實中，有的領導者遇到矛盾衝突和棘手之事時，能推則推；需要表態時，也是「慢開口」。在合適的情況下，該表的態不表；在不合適的情況下，不該表的態卻表。有時為了一己私利取悅於人，放棄責任，甚至貶低別人抬高自己，傳播小道消息、洩漏機密等等，凡此種種做法都是不對的。

領導者表態，在堅持原則的基礎上，發揮靈活性，更易達到事半功倍的效果。

上級有明文規定的事情，領導者就必須按規定表態；沒有明文規定的，則應結合實際表態，靈活性是原則性運用過程中的必要補充。

一般來說，領導者在表態之前應做到：清楚了解問題的真正含義和問話的真正意圖、設法獲得足夠的思考時間、考慮好要直接表態還是委婉表態，對於不值得表態的問題，就不必表態。表態時，應做到因事、因人而異。

對關係複雜、不宜掌握的問題，領導者應委婉表態。領導者應把握時機、注意場合，適時適地表態。

古人云：「事之難易，不在大小，務在知時。」就是講火候分寸問題。掌握「尺度」，講究「分寸」，做到語言準確，態度誠懇。

尺度感和分寸感，能夠表現領導者的領導藝術水準。表態應講究尺度、分寸，達到「適度」，適度程度越佳，表態的效果就越好，達到最佳適度就能獲得最好效果。領導者與被領導者之間的關係，既有雙方情感的交流、情緒的感染，又有雙方心理關係上一定色彩的凝結；只有態度誠懇，領導者的表態才會對下屬產生指導、激勵作用。

領導者表態，在堅持原則的基礎上，發揮靈活性，更易達到事半功倍的效果。上級

有明文規定的事情，領導者就必須按規定表態；沒有明文規定的，則應結合實際表態，靈活性是原則性運用過程中的必要補充。

7　喜怒哀樂藏於心中

無論任何人，只要在社會上闖蕩一段時間，便多多少少練就了察言觀色的本事，他們會根據你的喜怒哀樂來調整和你相處的方式，進而順著你的喜怒哀樂來為自己謀取利益。

高明的領導者一般都不隨便表現自己的情緒，以免被人抓住弱點，給人可乘之機。古代的民間生活悠閒自在，但居上位者卻在激烈競爭著，尤其對於權力的爭奪更是不擇手段，勾心鬥角，互相排斥。在這種爭權奪利的環境中，人人盡量掩飾自己的本性來迎合權勢，如果任意表現出來，就容易被對方乘虛而入，甚至抓住把柄，說不定因而失勢、遭致殺身之禍，在這種情況下，自然會養成「喜怒不形於色」的性情。

領導者必須得冷靜沉著，才能做精確的判斷，《孫子》書中曾言：「主不可怒以興師，將不可慍以致戰。」

領導者一旦露出了真情，就容易為人所看穿，以至於受到撥弄，進而做出錯誤的決策。「喜怒不形於色」，亦即盡量壓抑個人的感情，而以冷靜客觀的態度來應付事情，這種性格才配作為一位領導者。

當團隊遭遇困難時，如果領導者露出不安的表情或慌亂的態度，便會影響到組織全體，一旦根基動搖，就會帶來崩潰。這種情形下，如果能保持冷靜、若無其事的態度，最能安撫民心。

與對方交涉談判時，應具有冷靜、成竹在胸的寬廣胸懷。如果把持不住露出感情，如同自掀底牌一般，容易被對方控制而屈居下風。

中國古代的領導者大多深受儒家思想薰陶，因而養成穩重熟慮的心思，「喜怒不形於色」也是他們必有的修養。

距今一千六百年前，東晉偏安江左，建都建康（今南京），當時北方民族勢力強盛，不斷以武力壓迫東晉，司馬王朝深受其苦。

當時東晉由謝安擔任宰相，有一次北方前秦大舉南侵，以號稱百萬的大軍渡江南來，而東晉迎敵者只有數萬人，以寡敵眾的例子，古來即多，但如此懸殊的兵力，卻使東晉人民失去信心，人人準備再度逃難。

唯有宰相謝安，雖處於非常局勢中，卻仍冷靜沉著。當他一切準備妥當後，便悠閒自在地飲酒下棋，好似不知前方有戰事一般。

在謝安的運籌帷幄下，加上天時、地利、人和，東晉艱苦打贏了這場戰爭，獲勝的消息很快傳回京城的宰相府邸，這時謝安正與人對弈，看完捷報後，謝安仍若無其事下棋。

「有何要事嗎？」客人好奇問著。

「沒什麼，只是前方的戰士擊敗了敵人而已。」謝安答道。

在客人面前，即使是大軍獲勝，謝安也不改其沉著的態度。送走客人後，謝安返回屋內時，一不小心踢到門檻，撞斷了木履齒，但謝安竟毫無所覺，喜悅之情竟硬生生壓抑下來。

事實上，沒有喜怒哀樂的人並不存在，他們只是不把喜怒哀樂表現在臉上罷了。對於領導者來說，在人際交往中做到這一點是很重要的，領導者要學會把自己的喜怒哀樂藏在心中，別輕易拿出來給別人看。

楚漢相爭的時候，有一次劉邦和項羽在兩軍陣前對話，劉邦歷數項羽的罪過，項羽大怒，命令暗中潛伏的弓弩手幾千人一齊向劉邦放箭，一支箭正好射中劉邦的胸口，劉邦傷勢沉重，痛得伏下身來。主將受傷，群龍無首，若楚軍趁人心浮動發起進攻，漢軍必然全軍潰敗。猛然間，劉邦突然鎮靜起來，他巧施妙計，在馬上用手按住自己的腳，

角色

喊道：「碰巧被你們射中了！幸好傷在腳趾，沒有重傷。」軍士聽了，頓時穩定下來，終於抵住了楚軍的進攻。

把喜怒哀樂藏在自己心中，盡量壓抑自己的個人情感，以冷靜客觀的態度來應付事情，這種性格的人才能做好領導的工作。

領導者一旦露出了真情，就容易為人所看穿，以至於受到撥弄，進而做出錯誤的決策。「喜怒不形於色」，就是盡量壓抑個人的感情，以冷靜客觀的態度來應付事情，這種性格才配作為一位領導者。

8 言行舉止要保持身分

看看那些成功的人們，無一不在乎自己的形象。一個成功的領導者不僅能為下屬帶來信念和對未來的承諾，更重要的是他們懂得運用形象的魅力，把這些承諾的價值具體表現出來，把屬於組織的智慧結晶的想法生動表達出來，讓追隨者把他的形象與自己追求的未來結合為一體，這也是他們能夠吸引到千千萬萬個追隨者的重要原因。

主管跟員工在一起時，要適當表現自己的「身分」。在辦公室裡與員工相處，別人應該一眼就能瞧出，誰是員工，誰是主管。如果你不能表現出這一點，給人的印象就可能正好相反，那麼，你這個領導者就是失敗的。

如果說好的開始是成功的一半，那麼好的形象是影響的一半，形象好才能獲得別人的認可和追隨。一個人的形象是事業成功的一個重要的遊戲規則，成功的外表形象為自己的事業的成功發揮著推波助瀾的作用。一個優秀的領導者能夠用形象操縱追隨者的心理，為自己創立神話般的形象以確立自己穩固的位置。

出色的形象可以帶來出眾的魅力，所以一個有魅力的領導者本身就具有一個吸引人們的良好形象。一個有魅力的領導者形象代表的不僅僅是個人，而是整個組織的形象，人們往往從領導者形象上去推測組織的現狀。穿著乾淨俐落、整體俱佳的領導者，一般會被認為是一個高效率組織的領導者；而一個放蕩不羈、形象不雅的領導者，通常很難讓人與高效率的組織聯繫起來。

作為領導者，雖然不必過於矜持，但要讓員工起碼意識到你是領導者，如此，即便是活潑、輕佻的員工也不至於去拍你的肩膀，或拿你的缺點肆意開玩笑。他在你面前會小心謹慎，會看你的臉色行事，當你們一起離開辦公室時，他會恭恭敬敬把門打開，讓你先行。

主管要保持自己的威嚴，在無形中使員工產生對自己的尊敬之意，這會為你的工作發展創造條件，員工會處處（至少在表面上）尊重你的意見，當他們執行任務有困難時會與你商量，而不會自作主張、自行其是。

主管要注意自己的講話方式。在辦公室裡跟員工講話，一般來說要親切自然，不能讓員工過於緊張，以便更容易讓對方領會自己的意思；但是在公開場合講話，譬如面對許多員工演講、進行報告時，要威嚴有力，有震懾力。

但不管在哪種情況下，主管講話都要一是一，二是二，堅決果斷，切忌含糊不清。跟員工交談，即便員工一方處於主動，主管聽取對方談話也切忌唯唯諾諾、被對方左右。如果對方意見與自己意見相左，可以明確給予否定；如果意識到員工的意見確實對公司、對自己有利，也不要急於表態。

多思考少說話，也可以以「讓我仔細考慮一下」或「容我們研究商量一下」來結束談話。這樣，在回去之後，員工不會沾沾自喜，而會更加謹慎，主管也可以利用時間從容仔細考慮是取是捨，這在無形中增加了領導者的權威，總比草率決定為好。

現代領導者是美的生活的組織者、引導者和創造者。領導者的形象具有雙重性，一方面是他本人形象，一方面又是他所領導的組織形象，良好的領導者形象是事業成功的保證。

形象可以產生魅力，運用魅力是成功者的智慧之一。

9　勇於集權，勇於分權

有些主管也許喜歡在工作上一手包辦，他希望每件事情都能在自己的努力之下圓滿完成，得到同事和下屬的認可。這種事事求全的願望雖然是好的，卻常常收不到好的效果。

作為一名主管，你承擔重任，很多時候你沒有足夠的時間去完成所有必須做的工作，事必躬親只能事倍功半。

集權與分權看起來是矛盾的，但在企業管理中，兩者卻可以很好的做結合。既要集權，也要分權，關鍵是怎樣集、怎樣分。

一個人不可能把什麼事情都做好，畢竟你的精力是有限的，部門內大大小小各個方面總有照顧不周到的地方，更何況，如果天天如此，一個人身體上承受不住的，遲早會被累垮。

俗話說得好，巴掌再大遮不住天，部門不是你一個人的，你的下面還有許多不同等級的人，自己把所有的事情都做了，其他人要做什麼呢?

領導者管理權力的基本特點是與領導者管理權力的內在規定緊密一致，並在管理過程中表現出來的。領導者的權力職能是多方面的，如運籌決策、組織指揮、協調控制等等，在領導者行使職權的過程中，領導者與被領導者都應是確定的。

任何組織都是一個大系統，從而也就決定了領導者管理權力在組織上的系統性，以保證從整體到局部都不偏離組織的系統目標。

10　膽小不得將軍做

恐懼具有摧毀一個人生命的負面影響，它能夠傷害人的修養、削減人的生理與精神上的活力，破壞人的健康，從而心力柔弱直至不能創造或做出任何事業。

「膽小不得將軍做」，連膽子都沒有的人，就別想著做官那件事，看著別人管理你的時候神氣，當上官卻又沒勇氣邁步，如果進入這種狀態，要麼離開這個職位，要麼就盡可能培養自己的勇氣和魄力，除此之外，似乎沒有別的辦法。

以色列人相傳有這樣一句格言：「給我堅韌去接受不能改變的事情，並給我智慧去區分它們的不同。」這正如佛說，戰勝一千個敵人一千次，也不能戰勝自己一次，而戰勝自己的最大動力便是勇氣，所以，在每個人都可以獲得成功之時，你為什麼不拿出自己的勇氣？大膽喊出「我什麼都不怕」！

恐懼足以泯滅一個人的創造和冒險精神。許多人對一切事物都懷有恐懼之心，他們怕風、怕雨、怕寒冷，做生意又怕賠錢，在他們生命裡永遠是個怕字。而最壞的一種恐懼，就是時時刻刻都預感到有一種恐懼，這種恐懼就像一個陰影籠罩著一個人的鮮活生命，慢慢蠶食掉生命裡的原始活力。

魄力對於領導者來說是至關重要的，如果你不具備這種魄力，還是做一個普通員工好了，什麼事都畏畏縮縮，實在是一種痛苦，特別是在新潮產品衝擊的時候。在激烈的市場競爭中，勇敢的領導者就成了核心力量，其餘都得跟著人家走，這時候，產品就開始進入了重新分配的狀態，剎那間一切都變化了，原因就是勇敢能夠戰勝一切，在關鍵的時候，你就是再滿腹經綸也得做，這往往是說也說不清楚。

董仲舒所謂「正其誼，不謀其利，明其道，不計其功」，就是這個道理。膽子小的人不是硬漢，這似乎已不用解釋了，做領導者得有勇有謀，如果你甘心平庸，那麼就越會堅持平庸的理念，因為你不知道什麼是更好的，這樣，你的下屬就會感到非常壓抑，如果他是個聰明人，起初會更壓抑，當然，他不可能長時間跟你耗，碰上機會立刻就走人。「鳥擇林而棲，人擇優而仕」，擋也擋不住。

世界上一切或大或小的考驗都是從人們的內心開始的，勇氣對一個人的考驗也是同樣。我們每個人都要認清這一點，具備了勇氣並不等於沒有了恐懼，而是努力去做你原本就很懼怕的事情，並且不斷克服伴隨整個過程的恐懼。勇敢的精神就是大膽放下你所熟悉的事情，追求一個前所未有的嶄新目標。

有人說過：「勇氣是最有感染力的。如果一個有勇氣的人能夠站穩立場，那麼，其他人的腰骨都會隨著挺直起來。」可見一個人能夠拿出勇氣來，周圍的人都會受到莫大的鼓舞。一個領導者在工作中所表現出來的勇氣，同樣也會激發下屬的工作熱情，更加拚命去完成任務。

管理能力就是勇敢的戰線，它鞭策人們去做正確的事情。

願景

昔日的老闆只知員工是為他們工作的，這種想法為昔日的領導者所共有；而明天的領導者與員工有著共同的價值觀和共同的目的，他們引導員工去實現既定的目標。

1 激勵員工的工作熱情

作為領導者，尤其是現代企業的領導者，不僅僅要了解員工的內心需求，還要為他們多發獎金、多說好話來激發他們的工作積極度。人是複雜的，要讓他們為自己賣命，需要施展一些微妙的手段。

領導者要讓下屬了解工作計畫的全貌及看到他們自己努力的成果，員工越是了解公司目標，對公司的向心力就越強，就會更願意充實自己，以符合公司發展的需求。

玫琳凱用自己的名字創建了國際知名的化妝品公司。在談到領導方法時，她說「善用激勵藝術」是自己用人之道的成功所在，公司的理念被高度概括為：激勵使人成功。

在玫琳凱化妝品公司中，「人」是最重要的，公司全體員工以「人對公司的向心力」而自豪。玫琳凱說：她財務報表中的詞代表「人們」和「熱愛」，而不是「收益」和「損失」。關心別人的信念，其實並沒有與追求利潤的公司目標相衝突；當然，還是要關心公司的利益和損失，但玫琳凱不把它放在最首要的位置。

用玫琳凱的話說就是：如果你以誠待人，激勵下屬，他們的工作效率會更高，那麼利益就接踵而來；同樣，如果你對員工濫用職權，他們的工作能力和積極度就發揮不出來，這種副作用直接帶到工作中，蒙受損失的是你的公司。

人是事業的根本。玫琳凱化妝品公司的總部設在達拉斯，一進總部大門，赫然入目的是比真人還要大的該公司全國銷售主任的照片，如此結構設計充分展現了玫琳凱視人才為公司最寶貴資產的思想。

一般公司的領導者常常炫耀自己雄厚的資金、先進的生產線、新建的高層建築和最先進的設備，而玫琳凱則認為她最寶貴的財富是公司裡的人才，並為擁有這樣一支有知識、有能力、有膽量、善於領會領導者意圖、長於經營管理、勇於接受挑戰的人才團隊驕傲。「任何一家大型企業之所以能夠發展、興盛，依靠的完全是公司裡首屈一指的人才。」這是玫琳凱從自己幾十年的創業生涯中得出的結論。

玫琳凱深諳勵志用人之道，她的管理哲學和用人藝術融東西方優點於一爐，既有美國現代化管理，又有東方的感情管理。

正是由於玫琳凱個人的熱情，使員工們從感情上信賴公司，從而在行動上加倍服務於公司，上下協同一致，以一種奇妙的力量推動玫琳凱化妝品公司向前發展。

一個上司得心應手指揮好下屬，讓大家圍繞上司的意圖而充分發揮其積極度，那麼這個上司就可以遊刃有餘的駕馭全局；而如果一間公司存在著較大的不平衡狀況，就會有一部分下屬與上司之間存在著不同程度的對立情緒，上司的意圖在一部分下屬中就難以得到全面的、積極的實施，甚至有人可能故意製造障礙來干擾上司的正常工作，使你無法有效的駕馭全局。

熱愛工作、關懷你的員工，你就能夠得到下屬的敬愛。愛是相對的，與愛相反的是憎惡，這也是一種相對的情緒。

激將法有智愚高下之分，領導者掌握好其分寸尺度，靈活發揮，機智應用，可以讓你在需要員工拿出他們最大的力量拚死效力時，派上絕妙的用場。

2　集中目標，全力以赴

許多成功的領導者都是在洞察市場的變化、研究其發展規律基礎上，準確把握目標和發展方向，透過對美好願景的描述和比喻，把他們所擁有的使命灌輸到人們的思維當中，這不僅使他們所追求的理想世界變得生動可信，而且還能最大限度獲取人們的認同。

戰線太長是兵家的大忌，應該盡可能避免。因此，大凡成就卓著的軍事謀略家，其過人之處往往就在於此，善於從諸多的矛盾中找出主要的產生決定作用的矛盾，集中全力加以解決。作為企業的領導者也是一樣，目標不能太多、太散，不能沒有重點。

領導者個人確立了組織目標，對於組織發展仍是遠遠不夠的，更重要的工作是建立組織共同的價值觀和目標信仰。只有組織成員齊心投入或遵從的全體目標，才能產生群體行動，並激發起更大的責任感和創新精神，從而使目標產生激勵作用。成功的領導者在意成員的個人目標，洞察其深層次的內容，運用能力和技巧將個人目標轉化為團體目標。

如果你對自己組織的目標尚不能肯定，你就無法告訴員工組織的優勢何在，更不能帶領大家突破前進過程中所遇到的障礙。

曹操的勢力之所以能不斷發展壯大，原因之一是他面對大大小小的割據勢力，絕不四面出擊，而常常是拉一個打一個。在戰術上，曹操也常常力求目標集中，全力以赴。在擊敗勢力強大的袁紹於倉亭時，曹操採納了程昱的「十面埋伏」之計，打得袁氏父子抱頭痛哭，袁紹吐血不止。劉備由於懼怕衣帶詔之事洩露，藉機脫離了曹操的控制，占據了徐州。劉備兵微將寡，曹操率領二十萬大軍分兵五路下徐州，又在小沛城外八面埋伏，打得劉備丟盔棄甲狼狽逃竄。清人毛宗崗評價說：「獅子搏兔搏象皆用全力，曹操可謂能用兵矣！」

所以，事業上要獲得成功，領導者應當有自知之明，量力而行。

常言道，藝高人膽大。在屢戰屢勝之後，領導者往往缺乏冷靜的頭腦，對自己的實力缺乏正確的認知。曹操在北方基本統一後，八十三萬大軍席捲荊襄，自恃強大，卻忽視了自己的很多弱點，避長就短，導致赤壁大敗。相比而言，陸遜確實略高一籌，猇亭大勝，仍然能夠保持冷靜的頭腦，不是深入西川，而是適可而止，避免了兩線作戰的被動局面。

在經營管理中，有些領導者由於經營成功，以為無所不能，最終導致了經營的失敗。據載，國外有一位房地產商人，先是做一棟建築物的生意，接著增加到兩棟，隨著信用的增大，終於擴展到別的業務。到後來，居然記不清自己手頭到底有多少筆交易。他回憶說：「刺激得很，我在試驗自己的極限。」終於有一天，銀行來了通知，說他擴張過度，冒了太大的風險，並停止給他信貸，這位奇才失敗了。

作為團隊中的領導者，必須要掌握大家的期待，並且把期待變成一個具體的目標。大多數人並不清楚自己的期待是什麼，在這種情況之下，能夠把大家的期待清楚具體表現出來，就是對團體最有影響力的人。客觀世界中一切事物的運動和發展是不以人的意志為轉移的，每當一個美好的願望產生時，必須考慮到客觀條件的可能與否，任何社會組織的財力和物力都是有限的，任何領導者的精力、能力也是有限的；而世界上的許多事情，對於一個團體組織來說，往往是力量集中才能辦好，領導者目標太多太散，勢必會導致群體組織力量的分散和領導者精力的分散，結果往往事與願違，很容易陷入被動乃至失敗的境地。

一位哲人說過：「與其花許多時間和精力去鑿許多淺井，不如花同樣的時間和精力去鑿一口深井。」

一個人不能騎兩匹馬，騎上這匹，就要丟掉那匹。聰明人會把凡是分散精力的要求置之度外，只專心致志去學一種，學一種就要把它學好。

3　期望有多高，收穫就有多大

期望可以被視為一種自我實現的預言，對某人的期望，使得這個人去實現這種期望。

在羅賓斯的《管人的真理》(The Truth About Managing People) 一書，舉過這樣一個例子：

一百零五名以色列士兵參與了一個訓練課程。四名教官被告知這些士兵中，三分之一的人潛力很大，三分之一潛力一般，另外三分之一未知。事實上，研究者只是把這些士兵隨機地分成這三類。既然他們是隨機分組的，這三組本應有相同的表現。但是，在

願景

教官被告知士兵有高潛力的小組中，學員在客觀成就測試中獲得了最高的分數，而且態度最積極，對他們的領導者更尊敬。

這個例子說明了期望的力量。在學員被假定為高潛力的組裡，教官從學員身上獲得了相對好的效果，因為教官本來就期望如此。

培養並發展自信心是改進領導能力的基礎，自信心與領導藝術是相輔相成的，如果下屬們接受了你的領導者，你的自信心就會增強；相反，如果你不被接受為領導者，你的自信心就會減弱。

我們知道，一個缺乏自信的人，性格上往往奇怪、乖戾，對別人永遠抱持懷疑的眼光。這些現象使得領導者對缺乏自信的下屬感到特別棘手，尤其這類下屬經常自怨自艾說道：

「我既沒有能力又沒有學歷，說的話怎麼會有人聽呢？」

「哪有門路讓我出頭？我又不認識半個有名氣的人！」

「以前有過失敗的經驗，所以我已經看開了！」

栽培下屬，水漲船高。必須看到，有種普遍的似是而非的觀念正在阻礙領導者教化下屬的工作，他們總是擔心把下屬培養起來會取代自己的地位；事實上，下屬的能力越強，領導者的成績也就越大，這是一種雙贏的結果。

然而，對於那些缺乏自信的下屬，即使給他們再多的頭銜，或者讓他們負責再多的任務，他們還是會找尋藉口為自己辯解，將工作表現差勁的責任推卸給別人。這類下屬還喜歡發牢騷、容易嫉妒別人、扯人後腿、在組織中建立小團體，弄得大家工作士氣低落、沒有活力。應付這種下屬最好的方法，莫過於讓他們重新擁有自信，並且經常賦予他們期望，發掘他從未被人發掘的特長。

將以色列士兵的訓練方式運用到管理工作中，會給予我們很大的啟示，這告訴我們，領導者可以得到他們期望的績效。如果把某人看成是一個失敗者，他一定會如你所願；如果認為某人有能力做得更好，他就會竭盡全力來證明你是對的。領導者對別人期望越大，獲得的就越多。

為什麼對員工的高期望可以導致高績效？因為主管的期望會影響主管對員工的行為。我們知道，下屬的績效直接影響到上司的績效，上司如果不想獨自承擔所有的重任，就得造就人才。只有造就有能力的下屬，上司才可以考慮充分授權。

領導者的成功，在很大程度上取決於如何最大限度運用下屬資源。下屬資源開發得越充分，越有可能創造更大的績效；下屬的能力越強，領導者的績效也就越大。領導者按對員工的期望來分配給員工的資源，如果他們對某個員工的績效期望最高，就會為其投入最多；如果領導者對某些員工懷有期望，這些員工就可以得到更多的非語言的情感支持（如微笑、眼神接觸），更頻繁且更有價值的回饋、更有挑戰性的目標、更好的培訓、更多合意的任務，並且領導者對這些員工有更多的信任。反過來，這些做法可以造就有更多技能和專業知識的員工。另外，領導者的支持有助於員工建立自信，使他們更有信心努力工作。

「十年樹木，百年樹人」。人才的培養需要時間，更需要精力。培養下屬要有耐心，要充分培養他們的信心，激發他們的積極度。有耕耘必有收穫，期望越大，收穫越大，這是始終不變的鐵的定律。

凡是已達到巔峰的人，都是對自己的事業抱有熱情和信心的，它會產生成就，也會感染別人。

4 創建一個同一目標的「登山隊」

成功的領導者在意成員的個人目標，洞察其深層次基礎，運用充分的傾聽、徵詢、尊重、說服及個人魅力等能力和技巧，從而將個人目標轉化為團體目標。

在商業領域中，企業的領導者就是飛行員。他的團隊由機組人員、地勤人員和供應商等共同組成，乘客就是顧客，企業就是飛機，它不會自己跑動或升空，得依靠飛行員、員工和客戶。在一個企業組織中，任何一個想與企業組織一起騰空高飛的人都是飛行員，他能夠以一個訓練有素的飛行員應有的信心、技能、膽識和遠見管理著企業。

領導者，在管理學上的定義是「影響和推動一個群體或多個群體的人們朝某個方向和目標努力的過程」。領導行為的核心在於影響和推動，其特徵在於能夠擔負目標使命並使其他成員貫徹實施。領導與管理的一個重要區別在於預測和把握方向，其中包括發現並提出理念、宣導並形成行動、觀察並解決衝突、調整並防止偏頗。

如果你使用飛機上的對講機與飛行員通過話，就會注意到飛行員的用詞得當、表達的意思明白無誤，優秀的飛行員是一個能進行有效言語交際的人。

企業領導者也應有效的闡述自己所憧憬的目標，以爭取下屬們的支持。

對未來的目標能有個清晰、明確的看法，是現代領導者的遠見力在發揮著至關重要的作用，它是絕對不能缺少的。因為遠見能夠決定領導者的工作能力，它能描繪出未來前景的具體樣子，來點燃人們的工作熱情，驅使人們不斷向前進取。

著名學者研究了九十位美國最傑出和成功的領導者，發現有四種共有的能力：

第一，令人折服的遠見和目標意識。

第二，能清晰表達這一目標，使下屬明確理解。

第三，對這一目標的追求表現出一致性和全心全力的投入。

第四，了解自己的實力並以此作為資本。

成功的領導者能夠廣泛聽取、吸收資訊意見，審時度勢，從時間、策略和全局上考慮和分析問題，抓住時機，確立目標；同時，力圖將目標明確化、願景化，使下屬真正理解並建立信心，持久投入，成為組織的信仰和價值觀。

如果說企業是一輛載滿乘客的郵輪，那麼領導者就是這艘郵輪的船長，他掌控著這艘郵輪遠航的命運。正如船長掌握郵輪的命運一樣，領導者就是企業的行動靈魂和精神領袖，這就是領導者無可逃避的定位。一個成功的領導者應當既懂得設計好自己的未來，也懂得設計好企業的未來，且能夠帶領自己的下屬朝著既定的目標前進，並將兩者完美的結合在一起。

確定目標無疑是所有領導行為的起點，但確保企業在前進途中的平衡，則是帶領企業順利走向成功的保障。

世界著名的「本田重機」生產廠商本田公司的發展，在當初就存在著目標的選擇與決策的風險。在一九七〇年代初，當時本田重機在美國市場正暢銷走紅，本田宗一郎卻突然提出了「東南亞經營策略」，倡議開發東南亞市場。此時東南亞因經濟剛剛起步，生活水準較低，摩托車還是人們敬而遠之的高級消費品，許多人對本田宗一郎的倡議迷惑

願景

不解。本田拿出一份詳盡的調查報告解釋說：「美國經濟即將進入新一輪衰退，摩托車市場的低潮即將來臨，假如只盯住美國市場，一有風吹草動便損失慘重；而東南亞經濟已經開始騰飛，只有未雨綢繆，才能處亂不驚。」

一年半後，美國經濟果然急轉直下，許多企業產品滯銷，庫存劇增；而在東南亞，摩托車開始暢銷。本田公司因為已提前一年實施創造品牌、提高知名度的經營策略，此時便如魚得水，公司非但未遭損失，還創出了銷售額的最高紀錄。

一個成功的、優秀的、偉大的領導者，在進入企業的開始，必須完成的第一件事就是為自己和企業確立目標，清晰感受自己的責任。領導者應當能夠看得夠遠、看得夠清楚，而且能在驚濤駭浪之中、霧氣迷茫之時挺身站立，迅速做出決策，朝著正確的方向前進，帶領大家奔向目標、奔向勝利。

領導者把握著企業之舟前進的羅盤和輪舵，他的目標和定位決定組織的命運。

5 與人牽手，你的前途更廣闊

作為領導者，首先要有寬廣的胸懷，善於求同存異，虛心聽取各種不同的意見和建議，不要總是對一些細枝末節斤斤計較，更不要對一些陳年舊帳念念不忘，領導者的一言一行，都可以成為下屬的榜樣。

袁紹興兵往官渡進發前，曾因勸諫袁紹而被囚禁獄中的田豐上書說：「今宜靜守以待天時，不可妄興大兵，恐有不利。」袁紹大怒，要殺田豐，由於眾將官勸阻，才說：「待吾破了曹操，明正其罪！」大軍行至陽武，謀士沮授進言：「我軍雖眾，而勇猛不及彼軍；彼軍雖精，而糧草不及我軍。彼軍無糧，利在急戰；我軍有糧，宜且緩守。若能曠以日月，則彼軍不戰自敗矣。」這番知彼知己，頗有見地的話語，又一次觸怒了袁紹：「田豐慢我軍心，吾回日必斬之。汝安敢又如此！」令軍士將沮授鎖禁在軍中等待治罪。

袁曹兩軍對峙於官渡，兩個月後，曹操軍糧告竭，派人到許昌催糧，結果使者被袁軍捉住，謀士許攸從使者身上搜出了曹操催糧的書信，往見袁紹說：「曹操屯軍官渡，與我相持已久，許昌必空虛；若分一軍星夜掩襲許昌，則許昌可拔，而操可擒也。今操糧已盡，正可乘此機會，兩路擊之。」袁紹說：「曹操詭計極多，此書乃誘敵之計也。」許攸爭辯說：「今若不取，將反受其害。」本來不肯採納許攸建議的袁紹，忽然收到審配派人送來的一封信，誣告許攸從前曾濫收民間財物，縱容子姪輩多徵民稅，錢糧歸為己有，袁紹對許攸又是一番怒斥。袁紹的暴怒和自以為是的言行，把許攸推向了曹操一邊。許攸在無可奈何投奔曹營之後，曾向曹操述及他向袁紹提出的這項建議，曹操大驚說：「若袁紹用子言，吾事敗矣。」

曹操的做法與袁紹截然不同。袁紹大軍殺奔官渡而來，曹操所做的事不是自作主張，而是先與眾謀士商議對策，荀攸提出：「紹軍雖多，不足懼也。我軍精銳之士，無不以一當十。但利在急戰，若遷延日月，糧草不敷，事可憂矣。」曹操覺得荀攸所言在理，就命令軍將出擊。當雙方處於膠著狀態時，曹操軍力漸乏，糧草不繼，打算棄官渡退回許昌。然而他沒有貿然下令退軍，而是在決策之前，寫信徵求留守許昌的荀彧的意見。荀彧反對撤軍，在回信中說：「公今畫地而守，扼其喉而使不能進，情勢見竭，必將有變。此用奇之時，斷不可失。唯明公裁察焉。」對於不同意見，曹操不僅沒有像袁紹那樣動輒大怒，反而大喜，令將士效力死守。許攸投奔曹操，曹操喜不自勝，略事寒暄，馬上向許攸請教破袁之計。許攸獻上烏巢燒糧的奇計之後，曹操立即採納，並親率五千兵前往烏巢，一把火燒得袁軍上下皆無戰心，曹軍八路人馬直衝袁營，袁軍四散奔走潰不成軍。官渡之戰，曹操取得了決定性的勝利，為統一中原奠定了最堅實的基礎。

官渡之戰的勝利，與勢弱的曹操善於集思廣益是分不開的，而勢力強大的袁紹的敗北，是其獨斷專行所致。曹操處處注意讓下屬參與決策，一旦下屬提出正確的建議，便立刻採納，保證了決策的正確。袁紹處處自以為是，下屬提出不同意見，要麼斬、要麼囚、要麼斥，導致了一次又一次的決策錯誤。諸葛亮在〈出師表〉中諄諄教導後主劉禪，對待郭攸之、費禕、董允等文臣，「宮中之事，事無大小，悉以諮之，然後施行，必得裨補闕漏，有所廣益。」對待向寵等武將，「營中之事，事無大小，悉以諮之，必能使行陳和穆，優劣得所也。」諸葛亮「集眾思，廣忠益」的思維，目的就在於保證決策的正確。事實證明，領導者一個人說了算，容易導致決策的失誤，激發下屬參與決策的積極度，可以保證決策不出或少出偏差。

沃爾瑪「週六例會」最能表現其集思廣益的企業文化。每週六早上七點半，公司高階主管、分店經理和各級同仁近千人集合在一起，由公司總裁帶領喊口號，然後大家就公司經營理念和管理策略暢所欲言、集思廣益。與會者通常會花上一些時間來講一些似乎不可能達成的創新構想，大家不會馬上否決這些構想，而是先認真思考如何讓不可能的事情變為可能。做出優良成績的員工也會被請到本頓維總部並當眾表揚，這種例會被視為沃爾瑪企業文化的核心。參加會議的人個個喜笑顏開，在輕鬆的氣氛中，彼此間的距離被拉近了，溝通再也不是一件難事，公司各級同仁也了解到了各分公司和各部門的最新進展。

決策活動中的集思廣益之所以遠遠勝於獨斷專行，是因為決策工作難度非常大，特別是重要決策，不僅需要花費很大的精力，也需要高度的智慧，而僅靠領導者一個人的智力是遠遠不夠的。俗話說：「一人不抵二人智，十人肚裡出巧計」，「三個臭皮匠，勝過一個諸葛亮」。廣開思路、廣開言路，最大限度發揮群體的智慧，既可以彌補一個人或少數人智力的不足，也可校正一個人或少數人思維走向的偏差。像袁紹那樣智力程度不高、思維走向常常發生偏差的決策者，最需要下屬的幫助，可是他卻每每拒絕這種幫助，導致了一次又一次的決策失誤；像曹操、諸葛亮那樣的決策者，確實具有出眾的聰明才智，然而其決策行為仍需要下屬的智力支援，在官渡之戰中，曹操允許並鼓勵這種支援，有效保證了一次又一次的決策成功。

歷史發展到今天，高度發達、瞬息萬變的社會決定了人類個體智慧的輻射領域日益狹窄，所以，在現代決策管理中，集思廣益越發顯得重要，無論是實行首長負責制的組織還是實行委員會負責制的組織，都有最大限度激發組織成員參與決策積極度的必要。現代決策者的高明之處，主要不在於挖掘自身能力到什麼程度，而在於發揚民主、有效利用外在能力到什麼程度。

下屬有很好的建議，由於種種原因不敢或不肯提出是常有的事。決策者在決策活動中，要想真正激發起下屬（特別是基層人員）的積極度，首先要樹立民主決策的觀念，並真正表現在行動上。

曹操聽說許攸前來投奔的消息，高興得來不及穿鞋子，光著腳跑出去迎接，「攜手共入」、「先拜於地」，丞相的架子一掃而光。如果說曹操並非事事如此，許多時候還要擺丞相架子的話，那麼現代領導者則應該完全平等對待下屬，熱情接待前來提供建議的下屬，認真聽取並尊重下屬的意見。同時，當下屬提出反對意見時，不能像袁紹那樣隨意加以指責，而應該冷靜分析反對意見是否有道理，可供採納的，要虛心採納，不能採納的，要耐心講明道理。其次，要採取有效措施激勵下屬參與決策。曹操在平定并州、商議攻擊烏桓時，曹洪等人擔心劉表、劉備乘虛襲擊許昌，反對進擊烏桓。曹操卻聽從了郭嘉的建議，率軍挺進沙漠戈壁，得勝凱旋後，曹操重賞曹洪等人，說：「孤前者乘危遠征，僥倖成功，雖得勝，無所佑也，不可以為法。諸君之諫，乃萬安之計，是以相賞，後勿難言。」這種言者有賞的舉措，很值得現代領導者效仿，可採取表揚、獎勵等辦法，刺激下屬的獻策慾望，對那些提出建議採納後獲得顯著效益的下屬，要予以重獎，對屢言屢中、足智多謀的下屬，要提拔重用。

曹操、諸葛亮等人集思廣益的做法在當時的歷史條件下，確屬難能可貴，然而用今天的眼光衡量，還是遠遠不夠的，其間的民主成分非常有限，仍然屬於家長式的決策方式。現代決策者的決策行為，如果僅僅停留在曹操的水準上，甚至比不上曹操而近乎袁紹，那就應該將決策者的位置交出來，讓給更適合的人。

集思廣益是企業發展的動力。

6 確立目標激勵下屬完成任務

目標是能激發和滿足人的需求的外在物。目標管理是領導工作最主要的內容，目標激勵是實施目標管理的重要方法。設定適當的目標，能激發人的動機、促動人的積極度。目標既可以是外在的實體對象，也可以是內在的精神對象。每個人都有自尊心，都有被尊重的慾望。運用這種心理，可以積極實施目標激勵，充分激發下級的積極度，使其在競爭中完全展示出自己的價值。

一般來說，目標的價值越大，社會意義就越大，目標也就越能激動人心，激勵作用也就越強。因此，領導者要善於設定正確、恰當的總目標和若干階段性目標，以激發人的積極性。設定總目標，可使下級的工作感到有方向，但達到總目標是一個長期、複雜甚至曲折的過程，如果僅僅有總目標，只會使人感到目標遙遠和渺茫，可望而不可及，從而影響積極度的充分發揮，因此，還要設定若干恰當的階段性目標，採取「大目標，小步伐」的辦法，把總目標分解為若干經過努力都可實現的階段性目標，透過逐一實現這些階段性目標而達到大目標的實現，這才有利於激發人們的積極度。領導者要善於把近景目標和長遠目標結合起來，持續激發下屬的積極度，並把這種積極度維持在較高的水準上。

赤壁之戰後，劉備、諸葛亮乘機占領了荊州、南郡和襄陽，接著向荊州以南拓展，確立武陵、長沙、桂陽、零陵四郡為攻取的目標。劉備留關羽把守荊州，自己率兵與諸葛亮、張飛、趙雲等攻取了零陵。第二個目標是桂陽，趙雲、張飛爭先要去攻打，諸葛亮勸阻張飛，因為是趙雲第一個請戰，應該讓他去。張飛不服，諸葛亮讓他們二人拈鬮（抽籤），鬮被趙雲拈得。張飛憤怒說：「我並不要人相幫，只獨領三千軍去，穩取城池。」趙雲接著說：「趙某也只領三千軍去，如不得城，願受軍令。」諸葛亮非常高興，與趙雲立下了軍令狀，選三千精兵交付給趙雲，趙雲率兵智取桂陽，得到了劉備的重賞。張飛大叫：「只撥三千軍與我去取武陵郡，活捉太守金旋來獻！」諸葛亮也很高興，與張飛也立下了軍令狀，張飛率三千軍士攻打武陵，太守金旋迎戰敗回，被手下部將射死，武陵被張飛占領。最後要奪取的目標是長沙，劉備寫急信通知荊州的關羽，說張飛、趙雲各得一郡，關羽回信請求把攻取長沙這個功勞留給他，劉備很高興，命令張飛去守荊州，讓關羽奪取長沙。諸葛亮告訴關羽，張飛、趙雲立功，都憑三千軍馬，長沙太守韓玄手下有一員老將黃忠很難對付，讓他多帶些兵馬。關羽卻提出只領自己下屬五百校刀手，諸葛亮擔心關羽輕敵有失，和劉備帶兵前去接應。關羽來到長沙與黃忠大戰兩天，敵方起了內鬨，魏延殺死了太守韓玄，關羽得了長沙。劉備圓滿完成了南征四郡的計畫。

雖說劉備諸葛亮所處的時代，管理心理學還未曾誕生，但是，看了劉備南征四郡的故事情節，倒讓人一下子聯想起目標激勵的原理。劉備迅速占領四郡所用的激勵手段，雖說不僅僅是目標設定，但趙雲、張飛、關羽兵馬不多，卻能各取一郡，立功受賞，確實是有賴於目標的激勵。

目標要真正產生激勵作用，必須具備三個標準：

首先，目標必須是具體的、明確的。確立目標，應該有具體而明確的標準和確切的時間表。演義中要趙雲、張飛、關羽每人攻取一座城池，目標明確而具體，使執行者有的放矢，不僅為個人提供了一種滿足感，也有著切實可行的現實感，從而引發出實現目標的巨大動力。如果目標模糊，看不見、摸不著，無異於在黑暗中盲目射擊。

其次，目標必須具有相當的挑戰性，所確立的目標應該是經過努力可以實現的，目標的難度應以「跳一跳能摸得著」的標準最為適宜。倘若目標過低，不用費吹灰之力，人人都可以實現，沒有光榮感，同樣也就不會帶來滿足感，因而喪失激勵的作用。

一個人追求的目標越高，他的才能就發展得越快，對社會就越有益；我確信這也是一個真理。這個真理是由我的全部生活經驗，即是我觀察、閱讀、比較和深思熟慮過的一切確定下來的。

7 運籌帷幄，決勝千里

企業領導者在規劃遠景的同時，有必要讓人看到達到遠景的過程。團體中的領導者，必須能確實掌握大家的期待，並且把期待變成一個具體的目標。大多數的人並不清楚自己的期待是什麼，在這種情況之下，能夠把大家的期待清楚具體表現出來的人，就是對團體最具有影響力的人。

在企業的組織之中，只是把同伴所追求的事予以具體化並不夠，還必須充分了解組織的立場，確實掌握客觀情勢的需求並予以具體化。綜合以上兩項具體意識，清楚表示組織必須達成的目標，這樣才能在團體之中獲得管理權。

在進攻義大利之前，拿破崙還不忘鼓舞全軍的士氣：「我將帶領大家到世界上最肥美的平原去，那裡有名譽、光榮、富貴在等著大家。」

拿破崙很正確抓住士兵們的期待，並將之具體展現在他們的面前，以美麗的夢想來鼓舞他們。

如果是以強權或權威來打壓一個人，這個人做起事來就失去了真正的動機。抓住人的期待並予以具體化，為了要實現這個具體化的期待而努力，這就是賦予動機。

具體化期待能夠賦予動機的理由，就在於它是能夠實現的目標。例如，蓋房子的時候，如果沒有建築師的具體規劃就無法完成，建築師把自己的想法具體表現在藍圖上，再依照藍圖完成建築。

同樣的道理，組織行動時也必須要有行動的藍圖，也就是精密的具體理想或目標。如果這個具體的理想或目標規劃得生動鮮明而詳細，下屬就會毫無疑惑追隨；如果領導者不能為下屬規劃出具體的理想或目標，下屬就會因迷惑而自亂陣腳，喪失鬥志。

善於帶領團體的人，能夠將大家所期待的未來遠景，著上鮮麗的色彩。經過他的潤飾，這個遠景就不再是件微不足道的小事，而變成了一個遠大的理想和目標。

達成目標的過程或方法，規劃得越仔細越好。越上位的目標，其過程或方法就越概略，只要從下位目標一步一步向上爬，最後一定可以達成。

如果太晚決定，即使是對的決策，都會變成錯誤的。

8 志存高遠，但不能想入非非

領導者應該具有常人所不具備的肚量，並不斷用新的思維和新的方法，不斷教育和引導自己的下屬，並用自己的胸懷大志去引導和教育下屬。

但是，一個胸懷大志的領導者在制定組織目標時，切不可摻雜過多個人情感因素而想入非非。

人們工作，養家糊口只不過是最低需求，每個人都期望事業發展並由此為組織中每個成員帶來精神上和物質上的收穫，恐怕沒有人願意長期待在一個沒有想法、沒有方向的組織。

同樣，每個領導者更需要有遠大的理想。李．艾科卡在擔任汽車推銷員的時候，就將自己的目標定位到全世界上，他要使人們得到最好的服務。這種世界觀所鑄就的品格，在組織中的具體表現就是領導者凝聚組織內部各階層的能力與魅力。

凡是策劃謀略，就要以利害得失作為度量的準繩。須知道凡事有利必有害、有得必有失的道理，不能只看到利而看不到害，只看到得而看不到失。所以，在「因革損益」的時候，必須各個方面都考慮到，從而有「圓通周備」的措施。力求做到「杜害防弊」，才能說達到了至善至美至盡，否則就會顧此失彼，難以達到目的了。

計謀防備前人的失誤，而他沒有失誤；計謀防備前人的失敗，而他沒有失敗。這裡面的奧妙，只有大智大謀的人才能參透。

秦國以此能強霸於諸侯各國，能革新換舊，漢帝卻失敗於此。武宣以後稍做剖析，王莽卻藉這個機會篡權奪國。漢武帝懲哀平王作為防備於彼，而魏卻失敗於此；晉整治魏作為防備於彼，而唐太宗卻失敗於此；宋整治五代方鎮，作為防備於彼，而元卻失敗於此。

各有所整治，而各又有所敗。因革損益而作為防備，備於適當的備，而忘它的所不防，所以終究失敗於所不防，也就是失敗於所說的利與得。

如果不知道害存在於利之中，失存在於得之內，這就像老子所說的「福中隱藏著禍，禍中潛伏著福」的辯證道理一樣。如果能在遠略大計制定、施行之後，執守的人與繼承的人都能隨時做到因革損益、杜害防弊，自然能達到「苟日新，日日新，又日新」的境界，也就沒有弊端。

領導者的理想是組織目標的基礎，如果連想的勇氣都沒有，距離實現組織目標就更加遙遠。領導者需要不斷把握未來發展的趨勢，並快速提出新的想法、思維、建設性的意見或建議，與團隊一起確立前進的方向，把自己和下屬員工的個人理想融合到組織目標中，不斷帶領大家超越現實、向既定目標努力。

「志當存高遠」不僅是對成功領導者最一般最基礎的要求，而且，目標遠大、方向明確也是一個成功領導者的標誌。理想、使命、目標、策略對於一間公司的發展和在發展中的每一階段都是不可或缺的，它們組成一條金色的鏈子，維繫著組織中全體員工的對未來的期望和每天的工作，維繫著組織機構和社會環境積極向上的關聯，是組織長期、穩定、積極發展的必要條件。

需要注意的是，領導者在把個人理想融入組織目標時不能想入非非，因為對於組織而言，首要目標是生存，其次才是發展。無法生存的組織，目標再遠大也沒有任何實際意義。

成功的領導者都有明確的目標和期望，目標越明確，成功的可能性越大。每個人都有各自的特點，沒有完全一樣的人。所有人都有著不同的經歷，生活在不同的地位中，有著不同的承諾和責任，便有著不同的目標。

一個成功的領導者往往能全心全力投入到自己設計的遠景規劃中，這增強了下屬對他以及他所設想藍圖的信心。他們把領導者所主張、宣揚的事付出實踐，並以領導者的價值觀、未來觀來要求自己。

計畫需要遠大，但計畫也要相對而變。

能力

你所處的職位並不意味著你有權力去命令別人，它卻意味著你有責任去指導你的下屬，而你的下屬也欣然接受你的指導。

1 領導者必須是有效的溝通者

領導者，既要注重第一印象的作用，同時也要對被領導者進行深入的了解，因為領導者必須透過他人才能完成事情，切不可因第一印象不佳而對其人表現出任何形式的不禮貌，否則將影響你今後與他的關係。要記住，你是一個領導者，與下屬的關係至關重要，切不可憑第一印象對下屬的去留或工作安排做出輕率的決定。倘若不然，你很可能會放過一個有才華的人；更糟糕的是，你也許把一個庸才安排在舉足輕重的位置上。因此，領導者必須有能力來啟發、鼓舞和帶領、指導，並且聆聽他人。唯獨透過溝通，領導者才能使人們將目標內化，並付諸實行。

你覺得自己的溝通能力如何？溝通是你經常性的要務嗎？你能夠為啟發人、鼓舞人採取行動嗎？當你傳遞心中的想法時，你的聽眾能夠聽懂、接受，並且實行嗎？當你一對一與人談話，或是對大眾說話時，你能夠立刻激起共鳴嗎？如果你心中深切知道自己的目標是正確的，然而人們卻不能認同，那麼障礙或許就在於你缺少有效的溝通能力。

東漢末年，有一次諸葛亮向龐統推薦劉備作為輔佐的對象。龐統手持諸葛亮寫的推薦書來到劉營，直接去見劉備，仿效古人毛遂自薦之法，而未出示諸葛亮所寫的推薦書。看來龐統是要考察一下劉備的為人，用我們的話來說，就是要獲得初步的人際知覺。可是劉備見龐統自傲無禮、形貌醜陋古怪，心中不悅，但為了實現自己招賢的諾言，還是給了龐統一個小小的縣官，可見劉備對龐統的「知覺」是不佳的。龐統不滿意劉備對自己的輕視，但畢竟有事先得到的關於劉備愛才的說法，所以未曾辭去，他要做進一步的觀察。諸葛亮歸來，見劉備如此處置，大為吃驚，言明龐統就是人稱「王輔之才」的「鳳雛」先生。劉備急忙去請，委龐統以重任，方才握手言歡。從此三人相處融洽，龐統終生輔佐劉備，立下汗馬功勞。

俗話說得好：「酒逢知己千杯少，話不投機半句多。」說話不當，不但會妨害溝通的成效，而且還會帶來很多麻煩。身為領導者，更需要善用溝通技巧。

有效率的溝通者都知道把注意力放在溝通的對象上。他們深知，若不先了解聽眾，絕不可能有效達成溝通。當你在與人溝通時，無論是對一個人或一萬人，都先問問自己這個問題：我的聽眾是什麼樣的人？他們可能有哪些疑問？我想達成什麼目標？我有多少時間？如果想成為更理想的溝通者，你必須是聽眾導向型的人才行。人們之所以對傑出的溝通者很感興趣，是因為傑出的溝通者首先對聽眾產生興趣。

松下幸之助認為，高明的人在於懂得欣賞別人的所作所為，而不是去挑剔他。對下屬的業績，最少也應以四分懷疑、六分認可的態度去觀察評價，這才是懂得欣賞下屬的優秀領導者。每個人都有優點和缺點，固然不會有十全十美的人，但更重要的是——也不會有一無是處的人。所以，作為領導者，在觀察自己的下屬時，會發現形形色色的人物，而且他們有著各式各樣的優缺點——我們只有提高自身的溝通能力，才能在社交場所做到左右逢源、應付自如。

當你與他人溝通時，千萬別忘了溝通的目的乃是為了促成行動。如果你只是把大量的資訊拋出去，那並不是溝通；真正有效的溝通是要讓他有所感動、有所牢記，並且有所行動。如果能夠做到這點，你的管理能力就會逐步邁向新的台階。

一項是溝通能力，另一項是管理能力，身為一個優秀的領導者，你每天需要做三四場演講。

2 短時間內創造驚人的價值

對領導者而言，工作中如何指揮別人是關鍵，而如何使自己的工作變得有效率，才是指揮的前提。由於惰性的作用和害怕冒險心理的影響，人們習慣於按照熟悉的、穩妥的方式行事，這很容易形成固定思維，使想法變得僵化，因循守舊。固定思維是創造力的大敵，身為領導者，應該不斷從習慣思維中跳出，求新求異。

一種管理觀念的新舊，往往給予人迥然不同的形象。在人們的印象中，以往的領導者是那些穿長袍馬褂、帶瓜皮小帽的，而現在的領導者則是穿著運動服在操場上健步如飛的形象。

一本名為《與成功有約：高效能人士的七個習慣》的書使「效能」一詞為人們所重視，在此之前人們常常掛在嘴邊的「效率」一詞似乎退居到了二線。其實「效能」一詞本身具有「效率」的含義，但「效率」一詞的含義是「正確做事」，而「效能」卻是指「做正確的事」。

領導者如果不善於管理自己，使自己的工作有效能，就不可能做好指揮和管理下屬。企業裡的傳統、文化、制度、行為、風貌、效率與業績，都要透過領導者自身的效能來實現和表達。

一個領導者工作效能的高低，首先取決於其確定的目標方向是否正確。如果方向目標正確，那麼工作效率越高，效能也會越高；如果方向目標錯了，是個負數，那麼工作效率越高，效能的負數也就越大。

目前企業組織裡的一般情況是：效能是一個組織中的知識工作者的特殊技能，但是真正具備這種特殊技能的知識者為數不多。然而，今天企業組織裡又多由龐大的知識工作者構成，這就是一個非常有意思的問題：為什麼由知識工作者構成的組織，甚至有的

能力

還在實踐「學習型組織」，而組織效能卻非常不樂觀？

什麼叫效能？只有組織內部的人對組織做出貢獻時，他們的工作才算有效能。貢獻越大，效能越強。對一個企業來說，那些對企業做出貢獻的人，把他們放在需要擔負責任並能做出決策和具有職權的職位上，他們就是領導者；反之，我們所見到的許多領導者只不過是別人的上司而已，他們對組織的經營能力並不產生重大的影響，這樣的企業又怎能有「效能」可談呢？

企業裡的領導者不僅要講效能，還要充滿活力。有人將有活力的領導者比喻成領頭雁，既充滿活力，又頗具王者之風。

想要敏捷而有效率的工作，就要懂得調整工作的順序、分配時間和選擇要點，要注意這種分配不可過於細密瑣碎。善於選擇要點就意味著節約時間，而不得要領的瞎忙等於亂放空包彈。富有效率的領導者，做事常可分為三步——籌備、審議、執行。為了提高工作效率，審議時博採眾論、集思廣益是必要的，但籌備和執行的人手卻應當盡可能少而精。

在把一件計畫交付審議之前，先準備一個草案也能有助於提高效率。即使這一草案在審議中完全被推翻，也意味著事情獲得了進展，因為這相當於否定了不合理的方案。

作為一個有效的領導者，必須進行的五種基本的「修練」：

第一，高效能的領導者應該懂得，把他們的時間花在什麼地方。

第二，高效能的領導者要重視對外的貢獻。他們不是為工作而工作，而是為成效而奮鬥。

第三，高效能的領導者要依靠各種長處，包括自己的長處、上司的長處、同事的長處和下級的長處，以及所處環境的長處。也就是說，絕不能依靠他們的短處。

第四，高效能的領導者的精力要集中於少數主要的領域，這方面做出了良好的成績就能產生成果。千萬不要一心多用，更不要認為自己什麼都能做。

第五，高效能的領導者必須做有效的決策，即在正確的程序中採取正確的步驟，這是很重要的。

有效能的領導者知道，如果要管理自己的時間，首先應該了解自己的時間實際上是耗用在什麼地方。

3 知人之短，觀人之長

一名出色的領導者，一定要識人之長，然後用人之長，這樣既實現了下屬的個人價值，又促進企業的不斷發展，這是領導者必備的特質。

俗話說：「天生我材必有用」，每個人都有可取之處，作為領導者，必須多見下屬的長處，盡量少見其短處，以七八分精力來挖掘下屬優點，用兩三分精力注意下屬缺失，這是很重要的用人原則，也是一名成功領導者必備的技術。

孟子說：「國君選拔賢人，如果迫不得已要用新進，就要把卑賤者提拔到尊貴者之上，把疏遠的人提拔在親近的人之上，對這種事能不慎重嗎？因此，左右親近之人都說某人好，不可輕信；眾位大夫都說某人好，也不可輕信；全國的人都說某人好，然後去了解，發現他真有才幹，才能任用他。左右親近的人都說某人不好，不要聽信；眾位大夫都說某人不好，也不要聽信；全國的人都說某人不好，然後去了解，發現他真不好，再罷免他。左右親近的人都說某人可殺，不要聽信；眾位大夫都說某人可殺，也不要聽信；全國的人都說某人可殺，然後去了解，發現他該殺，再殺他。這樣，才可以做百姓的父母。」古人認為能夠體察並發揮下屬的賢能是強國利民的關鍵。

李廣將軍的眾多家臣中，有一個人經常哭喪著臉，令人生厭。一次，其他家臣向將軍打小報告說：那個人的臉長得真不吉祥，令人看了就不舒服，將軍用他實在不體面，會鬧笑話出事的，不如早點把他辭了算了。李廣卻說：「你們說的有道理，但沒有比他更合適的發喪使者，是不是？」眾人點頭稱是，李廣接著說：「記住，每個人都有可取之處，用人要用各式各樣的人才是。」

可見，作為一名領導者，同樣要用人之長，使其各盡所能，這樣公司才能蒸蒸日上，不斷壯大。

許多領導者常常感嘆人才不足，總是「人到用時方恨少」；然而，世間人那麼多，人才到哪裡去了呢？為什麼老是會發現別的企業或別人手下的人才比你的多呢？你曾經靜下心來，思索過這個問題嗎？你的答案是什麼？是你遺漏人才了嗎？

貞觀二年，唐太宗對右僕射封德彝說：「使國家安定，最根本的問題是選賢任能。近來，我命你推舉良才，但一直沒有看見你有所推薦，治理國家的任務很繁重，你應為我分憂擔勞。你一個人也不舉薦，我將來依靠誰做左右手呢？」

封德彝回答說：「臣雖愚昧，哪敢不為陛下盡心呢？但是我一直沒有發現誰有奇才異能。」

「以前聖明之君，使用人才就像使用器物一樣，都是使用當時的人才。」唐太宗急切說，「難道我們一定要等到夢見傳說，遇見呂尚這樣的賢臣，然後才去治理朝政嗎？況且

能力

哪一個朝代沒有賢才？只怕被遺漏而不知道罷了。」

封德彝被說得滿面羞愧，退了下去。

「聖明之君，使用人才就如同器物一樣。」唐太宗言下之意，即人才如同器物，各有其優劣點；用人如用器物，只用長處不用短處。

對於不同的下屬、不同的條件，要有不同的應對方法，以充分發揮他們的優勢。

領導者提拔人才應當不拘一格，不能因為一個人有這樣或那樣的缺點就將其忽略，打入冷宮或束之高閣。是金子就該讓它發光，是人才就該盡其用，這是最起碼的用人原則。

在現實生活中不存在沒有缺點的人，所以領導者莫過於苛刻要求別人，否則誰都不可能使你滿意，你也就可能和所有人都合不來。如此，既會傷害別人，也將使自己和周圍的同事關係不佳，這是一大問題。

一個曾受到大家誹謗、別人都認為無可救藥的人，經過你的仔細考察，發現事實並非如此，其實這個人很有才華；此時，你就應該大膽提拔這位下屬。

對於曾經犯錯的下屬，領導者要用辯證的觀點去看待問題，發現這位下屬的可貴之處，經過一段時間的培養，把他提拔到一個新的職位上來。

對於一個相貌醜陋、身材矮小的下屬，你並不是以貌取人，而應該考慮到他的真才實學，把他從眾人之中選拔出來。

對人求全責備，還與不善於觀人之長有很大關係。有的人看問題不全面，觀人唯觀其短、不觀其長，或者善觀人短、不善觀人長，這就可能只見樹木不見森林，只知其一而不知其二。

做到以上這些，才能使你的管理工作順利展開，你的領導威信才能逐步建立。縱觀歷史，許多政治家和思想家都明白此理，因此總是知人其短、觀人其長。

明太祖朱元璋在白虎殿論治時，講了三種人可稱為「忠賢之士」，除了「上等之賢」比較「全面」，其「中等之賢」標準是：「博習古人之言，深知已成之事，其心雖忠於輔國，而胸中無機變之才，是古非今，膠柱鼓瑟，而強人君以難行之事。然觀其本情忠鯁，亦可謂端人正士矣。屢遭斥辱，其志不怠，此亦忠於為國」，這裡面就包含了不少缺點、弱點。而「下等之賢」毛病就更多了，這些人雖然飽讀經書，但是拘謹於古人的做法，不了解時事之變遷，每次上朝，都高談闊論，自以為是在進諫，卻連什麼應該在先、什麼應該在後，什麼可行、什麼不可行都不知道。

讓他們謀劃事情，他們自以為應當實行的卻不切合於實際情況。皇帝聽從他們的建議，他們就自以為是；不聽他們的建議，就說皇上不納諫。這種人既無利於國家，還白白使皇上背上了拒諫的名聲。其實這種人心裡並沒有其他的想法，只是不明白時事的變遷更換而已。你看，連這樣不明智的人，朱元璋仍能稱之為「賢才」，也要任用，只因為看到了他們「亦忠於國」、「心亦無他」，這也算是可取之處。

如果下屬能從領導者用人態度上感到你辦事的公正和嚴格，那麼，你就會受到下屬的信任，你的領導地位才能更穩固。

任何一個人的任何一點成就，都是從勤學、勤思、勤問中得來的。

4 讓下屬把不願意變為願意

為了一種對自己、別人、團體和事業的責任，人們有時候必須認真對待那些不願意做的事情，而且還要想方設法把它們做好。

有一位著名的田徑教練，一有機會便苦口婆心勸運動員把頭髮理短。據說，他所持的理由是：問題並不在於頭髮的長短，而是在於他們是否服從教練。

人的性情不同、志趣不同，對待眼前的事情的態度就不同。譬如善於獨立工作的人，可能就不願意去管理別人。領導者在用人的時候就要考慮根據每個人的不同特點，再安排各自適合的工作，但是事實上每個領導者都不可能完完全全「人盡其才」。在這種現實情況下，如何要求並教會你的下屬甚至自己去做好自己不願意做的事情，就變得十分重要。

對於下屬無條件的服從，與「洗腦教育」頗有異曲同工之妙。所謂「洗腦」不外乎只教一項規則，並且持續數個小時以上。當事者即使心存反感，然而此種訓練方式足可使他們喪失思考能力，於是只好來者不拒、照單全收。

人們不願意做的通常是那些自己認為不擅長的事，所以心裡害怕。在很多情況下，這是人們對自己認知的誤區。如果作為上級和旁觀者的領導者認為他們並不是不可能把這些事情做好，就應該鼓勵他們去做，甚至有時候命令他們去做。一旦取得成功，他就會增加信心，也許在將來的工作中就不會再膽怯了。

在企業上班的人員，也同樣是由一種命令系統所組成的。

例如在一個團體中，若下屬不能無條件服從上司的命令，那麼在達成共同目標時，則可能產生障礙；反之，如能完全發揮命令系統的機能，此團體在企業中凡事必可勝人一籌。

如此分析，並非意指要將新進公司的員工以軍隊方式加以訓練，而是指由於新進人員在初期對公司的確完全陌生，因此可能對上司的教導產生反感和疑問。為了防止此種現象，並能有效實施教導，不妨讓他們遵守唯一一項不成文的規定。

例如，「新進人員必須在上班前十分鐘到達」，或「新進人員在進入公司一年之內，必須身著藍色制服」，如此一來，即可使下屬養成接受上司命令的習慣。

要讓員工知道，「硬著頭皮、咬著牙」，把打從心裡不願意做的事情做得漂亮，將會比做好自己擅長的事情有更大的收穫。

每個人都要主動去適應環境和社會，而不是要求環境和社會去適應自己。

企業裡許多的問題發生皆源於此。人們對自己不願意做的事情通常會採取消極的態度，要麼不去做，要麼推諉拖拉、敷衍了事，無論哪一種情況都會為工作帶來損失。預防這個問題的辦法除了上述的教育之外，領導者要做的事情是充分了解下屬的性格和習慣，明瞭他對什麼樣的事情會去積極處理，而哪些事情他根本不願意做。對於那些他不願意做的事，要督促他、觀察他，甚至有時候幫助他，讓他知道這件事是非做不可的，做得好對工作和他自身都是有益的。

但是領導者也必須明白，如果在某個位置上的人，對他的工作有多半的事情都不願意做，就要考慮這個人是否適合這樣的位置。經過交談可以考慮替他換一個更合適的位置，或者乾脆勸他改行。

其實領導者每天要處理很多的事情，幾乎所有需要處理的事都是難事，都是下屬們無法處理或者很難處理的事，這些難事對領導者來說也未必容易，但因為你是領導者，你就必須硬著頭皮去做，以身作則。俗話說得好，有什麼樣的領導者，就有什麼樣的團隊。

我們通常願意去做自己最為熟悉的事，而不願為自己不熟悉或為使自己不愉快的事冒險——但身為領導者，你必須去做某些你不願去做的事。

領導者是老師，能不斷幫助人們看清事實，促進每個人學習。

5　不要用錢來征服下屬

高薪資表面上看起來是一種好的激勵方式，但絕不是一種最好的激勵方式。金錢猶如嗎啡，興奮快，消失也快。

現實生活中，員工與主管傾向於注重物質的報酬，因為物質報酬比較容易定性、衡量和在不同個人、職業和組織之間的比較；相反，非物質報酬難以進行清晰的定義、討論、比較或談判。

主管讚揚下屬是為了更易於促動其積極度、激發員工的熱情和幹勁，光說一些漂亮話是不夠的。配合實際行動，不失時機表示你的關心和體貼，無疑是對下屬的最高讚賞，這種方法可以在下列場合中收到最好的效果。

主管在工作中以情動人、用真誠去感化人，在旁觀者看來，會覺得主管肚量寬廣、有人情味，自然會對你產生敬意，也就會對你產生幾分信賴，從而為你出心出力，幫助你成就事業。

誠然，薪資的高低不僅在物質上為員工提供了不同的生活水準，而且還在某種程度上表現了一個人的價值有多大。如此，薪資高低已成為許多人擇業時考慮的一個重要因素。同時，許多企業為了保住與吸引人才，不惜血本為其提供優厚的薪資。他們認為只有高薪資才能吸引人才，才能激發員工的工作熱情。但是高薪資就像一把雙刃劍，若實行得當，企業將獲益；反之，企業將陷入困境，因為實行高薪資自身仍存在不少不利的部分。

首先，高薪增加了企業人力成本，最終轉移到產品價格中去，這就會導致該企業產品在同類產品中價格較高，因此競爭力下降。

如果企業一開始便確定了較高薪資標準，那麼薪資漲幅將非常有限。當員工看不到薪資有較高的成長，低於其他類似企業的薪資成長，員工的幹勁將不足，並可能引起不滿，這樣一來，高薪資的激勵作用將大打折扣。

一般人認為，上級對下級，主管對員工，大多是命令與被命令、指派與被指派的關係，在工作中很少有人情味。正因如此，動之以情才是領導者的一種工作方法。

現代人都習慣祝賀生日，生日這一天，一般都是家人或知心朋友在一起慶祝，聰明的主管則會「見縫插針」，使自己成為慶祝的一員。有些主管慣用此招，每次都能讓員工留下難忘的印象。或許員工當下體會不出來，但一旦換了主管有了差異，他自然而然會想到你。

替員工慶祝生日，可以發點獎金、買個蛋糕、請頓飯，甚至送一束花，效果都很好，乘機獻上幾句讚揚和助興的話，更能產生錦上添花的效果。

日本著名企業家稻山嘉寬在回答「工作的報酬是什麼」時指出：「工作的報酬就是工作本身！」深刻指出內在激勵的重要性。特別在解決了溫飽問題之後，員工更在乎工作本身是否有吸引力，在工作中是否有無窮的樂趣；工作是否具有創造性和挑戰性，在工作中能否感受到生活的意義；工作內容是否豐富多彩又引人入勝，在工作中能否獲得成就、自尊並實現自我價值等等。

心理學研究顯示，人們的工作熱情不可避免存在一定的週期性。當下屬處於低谷時，如何盡快使他擺脫陰暗憂鬱的日子、重新煥發出工作熱情，是主管必須隨時注意的問題，而此時最有力的法寶即是適宜的激勵！

一位普通的下屬住院了，主管親自去探望時，說出了心裡話：「平時你在的時候感覺不出來你做了多少貢獻，現在沒有你在職位上，就感覺工作沒了頭緒、慌了手腳，安心把病養好！」

有的主管就不重視探望下屬，其實下屬此時是「身在曹營心在漢」，雖然住在醫院裡，卻惦記著主管是否會來看看自己，如果主管不來，對他來講簡直不亞於一次打擊，不免會嘀咕：「平時我做了好事他只會沒心沒肺假裝表揚一番，現在我死了他也不會放在心上，真是過河拆橋，沒良心的傢伙！」

對下屬來說，最驕傲的一點無非是他的成績得到了精神上或物質上的承認。而當他處於不稱職的時候，透過激勵讓他恢復到過去的種種輝煌中去，是一種美妙的感覺。

有這麼一個小故事：

甲與乙參加趕驢比賽。比賽的規則十分簡單：不管用什麼方法，只要能以較短的時間將驢子由牧場一端趕到另一端，即算贏得比賽。

甲站在驢子背後，用一隻腳踢驢子的臀部，驢子因為痛，所以當甲踢一下，牠就向前走一步；甲不踢，牠就停下來不走。結果甲大費周章，花了一個多鐘頭才把驢子踢到終點。

而乙則騎在驢背上，手中拿著一枝竹竿，竹竿盡頭掛著一根紅蘿蔔，這樣紅蘿蔔剛好垂在驢子眼前不遠的地方，驢子因想吃紅蘿蔔，所以拚命往前追趕。結果乙只花了十幾分鐘就把驢子趕到了終點。

我們不妨將上面故事中的甲乙兩人比喻成主管，把驢子比喻成下屬，並且把比賽終點比喻成組織追求的目標。一般而言，主管為了實現組織託付的目標，都必須依賴於下屬的努力。基於此，有些主管會像甲那樣以高壓手段來驅策下屬，而有些主管則會像乙那樣將滿足員工的需求作為方法，來促使下屬朝組織的目標前進。

只為了小小的讚美，人便突然變成了完美主義者，努力超越平常的表現。遇到自己的下屬表現不佳時，主管一定要控制住自己的情緒，千萬不要粗暴簡單的處理，而是多多想一下關於激勵的處方，找出最佳的激勵方式。

人事管理的實質是，透過教育把每個人的幹勁激發出來。人事管理的關鍵，在於透過教育使人明白事理。

6 批評就像刮鬍子

善於批評的主管，能夠讓人高高興興接受批評，而善於接受批評的下屬，則能使批評者感到他的誠意。透過批評和被批評，主管與下屬之間的關係將會越來越密切。

任何一個人都不會只有短處、缺點、錯誤而沒有長處、優點、成績。在批評之前先對他的優點和成績進行表揚和肯定，然後再指出他的缺點和錯誤。

當主管的恐怕沒有不批評下屬的。會批評是因為下屬犯了錯誤，至少是認為其犯了錯誤。批評的目的當然是讓他改正，以後不再犯同樣或類似的錯誤。

主管如何批評下屬，也要講究一定的藝術。

在指出別人的錯誤之前，先檢討一下自身的不足，並坦率指出自己也並非完善。那樣，別人也比較容易接受你的批評。

比如，一位年齡稍長的主管在批評比自己年輕的人所犯的錯誤時，可以這樣試試：「小馬，你犯了一個錯誤，不過我以前也常犯此類錯誤。人們對事物的判斷力不是生來就有的，那是多年經驗累積的結果。依我的經驗，假如你這麼做的話，結果會更好一點。」如果你試著這樣去批評他人，結果一定不同凡響。當然你也可以用建議的方法，使他人認知並改正自己的錯誤。還要注意的是，在批評別人時，一定要對事不對人，不做人身攻擊，只就他所做的事進行評論，使他的自信心免受刺激、尊嚴免受傷害。

我們應該清楚，批評所引起的怒氣只會減少下屬和同事的熱情，而被批評者的錯誤卻很少因此而改變。

一般情況下，下屬在一些場合出現失誤或過錯，如果不用公開批評就能提醒他終止過失，那麼，最好不要當場揭穿，裝作不知道，以保全下屬的臉面，過後找適當機會，心平氣和的提出批評，效果會更好，下屬也會體會到主管對自己的愛護和體貼。

反之，下屬會覺得主管是故意和自己過不去，有意在大庭廣眾面前給他難堪，影響他在大眾面前的形象和威信，這勢必會讓下屬產生抵抗情緒，甚至增加心理負擔，影響工作積極度。

心理學研究顯示：作為人的七情之一的怒，往往能使腎上腺及其他主要的內分泌腺產生激素，使人體機能產生明顯的變化，聲音明顯提高，心臟跳動快而劇烈。在這種情況下，因怒而產生的理智喪失，往往令人「一失足成千古恨」。

《三國演義》十四回：張飛被劉備任命為鎮守徐州的將領後，一天設宴款待百官，要求眾人皆飲。說罷，就與眾官把盞，酒至曹豹前。曹豹說：「我從天戒，不飲酒。」張飛強迫他飲了一杯。一輪下去之後，張飛大醉，卻又與眾官把盞，這次曹豹再三不飲，張飛大怒，讓軍士打他一百杖。眾人勸告無效，曹豹搬出呂布，讓他看在呂布的面子上饒了他一次，誰知張飛大怒說：「我本不欲打你，你用呂布來唬我，我偏要打你！我打你，便是打呂布！」諸人勸不住，將曹豹打了五十下才肯甘休。

席散之後，曹豹深恨張飛，星夜派人去小沛見呂布，要呂布夜襲徐州。呂布從之，率兵與曹豹裡應外合，取下徐州。一座城池就這樣喪失了，劉、關、張又開始了寄人籬下的生活。

張飛的行為，在我們日常生活中也不乏其例。有的主管為了維護自己所謂的上司尊嚴，當下級剛有所辯解時，便大發雷霆，說什麼「把主管當塑膠」、「無視公司紀律」。這樣下來的結果，不僅無助於上司尊嚴的維護，反而會引起下級的抵抗情緒，讓下級產生叛逆心理甚至公開對抗，使自己走上「曹豹」的道路。

人都有自尊心，主管要盡量不在公開場合當眾批評下屬，更不要當眾讓犯錯誤者下不了台，以免產生對抗心理。當然我們不是要主管都來掩蓋下屬的過錯不究，而是說批評下屬要注意場合、把握時機。

楚莊王平定叛敵後，設太平宴，邀文武大臣擺酒慶功。席間，莊王命愛妾許姬敬酒助興。忽然風吹燈滅，有人乘機拉了一下許姬衣裙，許姬順手將其帽纓摘下，快步上去告訴楚莊王：「有人輕薄，我已摘其帽纓，請大王迅速命人點燈查出狂徒。」楚莊王聽罷，急命：「暫緩點燈」，並讓群臣統統摘掉帽纓，開懷痛飲，稍後才命人點燈，眾文武不知其意。

次年秋，楚鄭兩國激戰，副將唐波自告奮勇捨身殺敵，立下大功。楚莊王要重賞，唐波卻跪叩說：「小人不敢領賞，小人捨身殺敵是報大王遮掩我調戲王妾，赦我殺頭之罪的恩典，以功補過。」至此，文武百官方知絕纓之故，無不慨嘆：「若大王當日不是絕纓掩過，而明燭治罪，何來今日效死殺敵的大將呢？」

有些時候，上級在批評下級時，有些問題不便直說，可以採用間接婉轉的辦法。最好的方法應該像理髮師替顧客刮鬍子一樣，只有先抹上肥皂泡，軟化它一下再刮，就比較容易。批評人也是這個道理，批評只有被下屬內心接受、心服口服，方才有效。

但是，並不是所有的批評都可以達到這樣的目的。因為批評和被批評的過程通常不是在平心靜氣中進行的。主管可能因為事情沒有辦好而惱火，下屬可能因為某種原因而委屈，甚至反感和拒絕。

因此，在下屬做錯了某件事情的時候，指責可能是必要的，目的是喚起他的責任心，在他的腦子裡形成一種警戒。但是只有指責是不夠的，主管在批評他們之前需要首先搞清楚事情的來龍去脈，以免冤枉了誰。

批評只有一個合理的目的與作用——那就是提醒犯了錯誤的人不要再犯。

7　用人不疑，疑人不用

用人不疑是用人的一個重要原則。

當然這個「不疑」是建立在自己擇用人才之前的判定、考核的基礎上。不用則罷，既用之則信任之。領導者只有充分信任下屬，大膽放手讓其工作，才能使下屬產生強烈的責任感和自信心，從而煥發下屬的積極性、主動性和創造性。所以說，一旦決定某人擔任某一方面的負責人後，信任即是一種有力的激勵手段，其作用是強大的。

大家都有過這樣的感受，當上司懷疑你的能力或人品時，你定會火冒三丈，要找他理論一番。脾氣稍微溫和者從此會士氣大消，毒辣者則會暗中使壞。這些都源於一個「疑」，結果為公司帶來了極壞的影響。

因此，身為領導者，一定要引以為戒。切記，疑人不用，用人不疑。

諸葛亮被劉備請出茅廬時，年僅二十七歲，劉備對他以師禮相待。關羽、張飛的年輩長於諸葛亮，追隨劉備多年，勞苦功高，兩人對劉備如此重視諸葛亮，很不理解，說：「孔明年幼，有甚才學？兄長待之太過，又未見他真實效驗。」劉備卻說：「吾得孔明，猶魚之得水也。」劉備對諸葛亮如此重視，當然不是沒有根據的，他在隆中對策中已經覺察到了諸葛亮的經天緯地之才，因此才給予他極大的信任和權力。正因為這樣，諸葛亮才得心應手指揮全軍人馬，懾服居功自傲的關羽、張飛，充分發揮了自己的卓越才能。

劉備信任諸葛亮是始終不渝的，直到他生命的最後關頭。彝陵之戰後，劉備病危於白帝城。臨終時把兒子劉禪託付給諸葛亮，讓劉禪對諸葛亮「以父事之」。劉備還對諸葛亮說：「君才十倍曹丕，必能安邦定國，終定大事。若嗣子可輔，則輔之；如其不才，君可自為成都之主。」封建帝王對臣下說出這樣的肺腑之言，在中國歷史上是罕見的，既說明劉備是以大局為重的賢明君主，也說明他對諸葛亮的信任達到了無以復加的地步。對劉備的知遇之恩，諸葛亮刻骨銘心，在輔佐後主劉禪的生涯中，傾心竭力，無私奉獻，鞠躬盡瘁，死而後已，為蜀國後期的生存和發展耗盡了畢生的精力。

現在，西方一些企業非常強調「面向人，重視人」的管理。這種管理的關鍵是對下屬的信任。人性有其共同的特點，就是希望使自己成為重要的人物，得到組織的承認和重視。基於這一點，在管理中充分信任下屬，使之時時處處感覺到自己在受上司的重視，無疑是對下屬的激勵和鞭策。美國一家電腦公司董事長說過：「我們的出發點是，員工都是成人，不是孩子。」可以說，信任就是力量，信任會為事業帶來龐大的成功。

用人不疑，信任下屬，有很多好處：

信任可以增強下屬的責任感。作為領導者，只有對下屬充分信任，以信任感激勵下屬的使命感，下屬才能更加自覺認知到自己工作的重要性，才能在工作中盡職盡責。白帝城託孤，諸葛亮深深感到劉備對自己非同一般的信任，同時，也深感責任的重大。因此，「夙夜憂慮，恐付託不效，以傷先帝之明。」在履行治國治軍的職責時，一絲不苟，嚴肅認真，兢兢業業。

信任可以增強下屬的主動進取精神。有這樣一句話：「實際上，沒有什麼東西比感到人們需要自己更能激發熱情。」信任就意味著放權，領導者因信任下屬，也就勇於放權，下屬得到了工作的主動權，就能放開手腳，積極大膽進行工作，有所發明，有所創造。孫權任陸遜為大都督，取佩劍給陸遜說：「如有不聽號令者先斬後奏。」並大膽放權，「閫以內，孤主之；閫以外，將軍制之。」陸遜主動進取，運用創造力來工作，獲得了彝陵之戰的全面勝利。

信任下屬，一來可以展示領導者廣闊的胸襟與忠實的人品，換取下屬對你的信任與尊敬；二來可以作為一支興奮劑，刺激下屬竭盡全力，把事情做好。因為誰也不願在別人面前丟臉，顯得自己很無能。得到了上司的信任，正是表現自己的絕好時機，誰也不願放過。所以，一句信任的話、一個鼓勵的眼神都是展示領導魅力、換取下屬忠心的有效辦法。

當然，信任要看對象，不能對什麼人都深信不疑。信任是有條件的，這條件可歸結為兩點：一是下屬的德，二是下屬的才。德與才可根據不同的情況有所側重，也可以根據不同情況對德才的外延做適當調整，但兩者不可偏廢。多疑固然是領導者的致命弱點，但也不能不加分析，全都深信不疑。下屬做某件事是否盡職、擔任某個職務是否稱職，都要深入考察。要實事求是去相信，實事求是去懷疑。當信則信，當疑則疑。劉禪之所以被稱為昏君，就是對應當信任的疑而不信，應當懷疑的卻信而不疑。

諸葛亮四出祁山，戰場形勢對蜀漢非常有利，但後主劉禪聽信讒言，懷疑諸葛亮有異心，中了司馬懿的反間計，調諸葛亮回成都，失去了一次進攻中原的良機。姜維六伐中原，劉禪又犯了同樣的錯誤。從劉禪身上，我們還可以得到領導者應當兼信而不偏信的啟示。諸葛亮死後，劉禪最信任的是曲意奉迎的宦官，而把正直無私的文官武將排斥在信任的圈子之外，於是賢人漸退，小人日進，綱紀廢弛，朝政日非，過了四十多年的昏庸生活後，終於亡國。

信任你的下屬，實際上也是對下屬的愛護和支持。古人云：木秀於林，風必摧之。特別是對於擔當生產、銷售、試驗、拓展、探索者角色的下屬而言，容易受人非議、蒙受一些流言蜚語的攻擊，那些勇於指出領導者錯誤並提出建議的，那些工作勤勉努力雖犯了錯誤但努力改正的，領導者的信任是其最後的精神支柱，柱倒而屋傾，在這種狀態下，領導者切不可輕易動搖對他們的信任。

你信任人，人才對你真實，以偉人的風度待人，人才表現出偉人的風度。

8 好口才是領導者能力的表現

一個人的魅力能夠直接影響到他是否給予對方吸引力，尤其是領導者的口才。它能充分反映出領導者處理各種場合的能力，關係到他是否具有良好的人際關係等很多問題。

能夠吸引對方、說服別人，是領導者必備的一種能力。說服別人要有充分的理由，一味說空話、客套話是不管用的。

旁徵博引往往會使你的說服更有力量，這要以豐富的知識作為條件，否則，你的說服會成為無源之水、無本之木。培根曾經講到，讀書足以怡情、足以長才，讀史使人明智，讀詩使人雋秀，數學使人周密，科學使人深刻，倫理學使人莊重，邏輯思維學使人善辯。

你是一個知識淺陋的人，你的語言也就不可能有見地，說服也會漏洞百出。說不定你去說服他人，到最後反被對方說服。

你的話語裡若是沒有一句至理名言，沒有一絲真知灼見，沒有一處幽默的描繪，沒有一個形象的比喻，沒有一則值得稱道的獨特見解，沒有一點真實的情感，你仍不自量力去說服別人，那麼，你的說服將是蒼白無力的，你只能做一個平庸的說服者。

一九一五年，邱吉爾以海軍大臣的身分，命令海軍航空隊教他開飛機，軍官們無可奈何只好遵命。剛開始，他刻苦用功，拚命學習，把全部業餘時間都用上了，連他的教練也累得吃不消了。

有一次，碰上天氣突然變得十分惡劣，一段十六英里的航程，邱吉爾竟然花了三小時才終於抵達目的地。著陸後，邱吉爾暗自慶幸，急忙從機艙裡跳出來，沒料到那架飛機竟然再次騰空，一頭撞到海裡去了。

原來邱吉爾忘了操作規則，在慌亂之中又把引擎發動起來。他裝作茫然不知的樣子自我解嘲說：「這飛機真不夠意思，剛離開我，又一個人私奔和大海約會去了。」

碰到這種令人難堪的事發生之後，運用自嘲能使領導者的自尊心透過自我排解的方式得到保護。同時，又能表現出說話者寬廣大度的胸懷和幽默的語言技巧。

邱吉爾有一個習慣，就是無論什麼時候，只要一停止工作，就要爬進熱氣騰騰的浴缸中洗澡，然後裸著身體在浴室裡來回踱步，這是他獨具特色的休息方法。二戰時期，他率代表團到美國訪問，與美國總統羅斯福研究共同抗擊德國法西斯的問題，下榻在白宮。一天，他在會議剛剛結束之後，便跑到白宮的浴室裡泡澡。當他正光著身子在那裡踱步時，突然有人敲響了浴室的門。「進來吧，進來吧。」他忘了自己是在洗澡。門打開了，推門而進的是美國總統羅斯福。羅斯福看到邱吉爾一絲不掛，便十分尷尬，想退出去。邱吉爾連忙說：「進來吧，總統先生。」他伸出雙臂，大聲說：「大不列顛的首相是沒有任何東西需要對美國的總統隱瞞的！」說罷，兩國領袖哈哈大笑。

你的說服力大概是與你的知識多少、學問深淺成正比的。明白了這個道理，你就應該在學習和實踐中不斷豐富、加深自己的知識文化修養。

「羅馬不是一天造成的」，只有平時努力、刻苦的累積，等到用的時候，才能厚積而薄發，言簡而意賅，說出的話也才有分量。

說服別人話越少越好，不要喋喋不休一大堆，應努力加強語言的力度；說話要有內容，不要空洞說教、言之無物，還要條分縷析、脈絡清晰。

一些主管在說服下屬時，喜歡從頭到尾流水帳一樣，羅列許許多多理由。這些理由堆積在一起，既無主次之分，又無重點可言，讓人聽了毫無眉目。主要原因是次要理由掩蓋了主要理由，眉毛鬍子一齊抓，因而失去了勸說語言應有的力度。

不懂得有效節制自己的語言，是惡劣的語言表達習慣之一。你總是嘮嘮叨叨，沒有重心，重複拖拉，別人會認為彼此都在浪費寶貴的時間。而且你廢話連篇，會使情緒不好的人變得惱怒，哪怕再有耐心的人，也會聽得昏昏欲睡。

一句溫暖的語言，暖和漫長的冬季。

9　距離產生威嚴

孔子說過：「臨之以莊，則敬。」就是說，主管不要和下屬走得過分親近，要與他們保持一定的距離，給下屬一個莊重的面孔，這樣可以獲得他們的尊敬。

主管與下屬保持距離，具有許多獨到的駕馭功能：

首先，可以避免下屬之間的嫉妒和緊張。如果主管與某些下屬過分親近，勢必在下屬之間引起嫉妒、緊張的情緒，從而人為造成不安定的因素。

其次，與下屬保持一定距離，可以減少下屬對自己的恭維、奉承、送禮、行賄等行為。

第三，與下屬過分親近，可能使主管對自己所喜歡的下屬的認知失之公正，干擾用人原則。

第四，與下屬保持一定的距離，可以樹立並維護主管的權威，因為「近則庸，疏則威」。

身為一名主管，要善於把握與下屬之間的遠近親疏，使自己的管理職能得以充分發揮其應有的作用，這一點是非常重要的。

有些主管想把所有的下屬團結成一家人似的，這個想法是很可笑的，事實上也是不可能的，如果你現在正在做這方面的努力，勸你還是趕快放棄。

退一步說，即使你的每一個下屬都與你八拜結交，親如同胞兄弟。但是，你想過沒有，你既然是本部門、單位的領導者，那麼，你與下屬之間除去有親兄弟般的關係以外，還有一層上下級的關係。當部門、單位的利益與你的親如兄弟的下屬利益發生衝突、矛盾時，你又該如何處理呢？

所以說，與下屬建立過於親近的關係，並不利於你的工作，反而會帶來許多不易解決的難題。

在你做出某項決定要透過下屬貫徹執行時，恰巧這個下屬與你平常交情甚厚，不分彼此。你的決定傳到這個下屬的手中，很可能就會出現兩種情況。他如果是一個通情達理的人，為了支持你的工作，會放棄自己暫時的利益去執行你的決定，這自然是最好不過的；但是，如果他是一個不曉事理的人，就會立即找上門來，依靠他與你之間的關係，請求你收回決定，這無疑是為你出了一個大難題。

你如果要收回決定的話，必然會受到他人的非議，引起其他下屬的不滿，工作也無法展開。

如果不收回決定，就會使你與這位下屬的關係出現惡化，他也許會說你是一個太不講情面的人，從而遠離你。

與下屬關係密切，往往會帶來許多麻煩，導致領導工作難以順利進行，影響主管形象。所以，請你記住這句忠告：「城隍爺不跟小鬼稱兄弟。」

如果人和人之間能永遠保持三五公尺距離，也許有很多人會更開心。

10　苦練本身，提升素養

培養良好的心理素養，不是一朝一夕、短期內就可以見效、完成的事情，需要在日常的工作和生活中進行知識的累積，經過實踐的磨練，循序漸進完成。只有經過長期不懈的努力，一點一滴滲透到人的內心裡，進入人的本質中，變成人的第二天性，人們在活動中才會表現出令人嘆服的心理素養。

第一，勤學。

培養良好心理素養，一個很重要的方法，就是勤於學習。

作為現代社會中的各級領導者，不斷學習專業知識及管理學、心理學等方面的知識是十分必要的，這是培養良好心理素養的重要途徑。

領導者不斷鑽研專業知識，成為專業方面的行家好手，有助於信心和信念的建立和堅定，也能間接穩定情緒。因為廣博的專業知識基礎，能使領導者在計畫的制定、方案的規劃和目標的選擇上持有科學的根據，對他人意見的正確與否、有用與否有客觀的判斷標準，在遇到困難挫折時，能使對未來的預測有現實的和理論的根據。總之，不會出現外行領導內行的局面，不至於為工作帶來損失。由於有專業方面的知識，還能有利於領導者發現人才、選拔人才等等。這種善於向書本學習知識的例子屢見不鮮。

三國時期的呂蒙將軍，一向被人認為是一位猛將。在戰鬥中，他常如猛虎下山，勇往直前，奮勇殺敵，深得孫權的賞識，因戰功累累，被提為大將。但他因小時未曾讀書而有難堪之事，每當有事上報，因他不能書寫，只能請人代筆。因此，許多人都把他視為有勇無謀的武夫。面對他人的輕視和嘲笑，呂蒙深感自己學識太淺薄，他發奮要好好補上這一課。在孫權的指點下，他利用軍中的閒暇時間，常挑燈夜讀，將「孫子」、「六韜」、「國語」等一一研讀過，終於學有所成，前後判若兩人。不屑於與呂蒙為伍的魯肅，偶然到呂蒙那裡去。在宴會上，呂蒙向魯肅詢問天下事，而魯肅態度輕慢，好久不屑一答，於是呂蒙鄭重發表了自己對時勢的看法，以及應該採取的對策，精闢的論斷使魯肅的態度逐漸緩和下來，進而離座靠近，專心傾聽，頻頻點頭表示讚許。等呂蒙說完之後，他讚嘆道沒想到你才學如此長進，再不是從前的吳下阿蒙了。呂蒙的進修研讀，使他以後在戰爭中足智多謀、信心百倍。他曾定計智取南郡，捉拿了劉備的猛將關羽。他的勇武，再加上他善於學習，使他如虎添翼，成為一名傑出的將領。

第二，苦練。

培養良好心理素養的另一條途徑是苦練。學習，畢竟只是一種理念上的、停留在認知層次上的東西，還沒有透過行動逐漸融入到人的本質中，還沒得到鞏固，是一種飄忽不定的、沒有穩固下來的感受和認知。所以領導者不僅要注意學習，更要重視苦練。苦練本身就是一種堅強意志的表現，是更深一層次的學習。

第三，不斷更新觀念。

培養良好的心理素養，還須時常更新觀念，緊跟時代的步伐。不然思想僵化，以舊的標準來衡量人和事物，勢必對這也看不慣、對那也不滿意，經常怨天尤人、牢騷滿腹。

觀念的更新，意味著人的價值標準、道德標準等都在發生變化，由此對他人的看法和要求就不同，這將大大影響人的情緒及對他人的接納程度。

因此，更新觀念直接關係到人們如何去觀察問題、認知問題和解決問題，關係到對自己對他人的情緒反應和寬容程度，即直接關係到人的心理成熟程度和健康狀況。可以說，更新觀念是培養良好心理素養的必經之途，不可忽視和逾越。

領導者的心理素養在領導者的工作中發揮著關鍵性的作用，它與領導者所從事的事

能力

業的成敗密切相關。因此，領導者必須注重良好心理素養的培養，在平時就加強勤學苦練，並緊跟時代的發展，時常更新觀念，為走向事業的成功打下堅實的心理基礎。

態度

對待事情的態度比事情本身更加重要。

1 過而能改，善莫大焉

人無完人，每個人都會犯上大大小小的錯誤。我們對待自己錯誤的態度，決定了我們在別人眼中的形象。一位領導者有聞過則喜，有則改之，無則加勉的胸懷，不僅不會失去威信，反而還會使形象更加高大。

春秋戰國時期，秦穆公是秦國的一代仁義之君。他曾經為了向東擴張勢力，派三員大將帶兵偷襲鄭國。由於鄭國離秦國較遠，當時秦國的謀士蹇叔勸秦王說：「長途奔涉，士兵們肯定在未到鄭國時就已疲憊不堪，況且，浩浩蕩蕩大軍去偷襲，鄭國又怎能沒有準備呢？」

秦穆公不聽蹇叔的意見，堅決要進攻鄭國。蹇叔於是嚎啕大哭，因為他已料到秦國必敗，而他的兒子正是三員出征大將之中的一個。

果然，鄭國大商人弦高在途中遇到秦軍，當他得知秦軍要攻打鄭國時，一面找人急速報鄭國，一面犒勞秦軍，並對他們說：「你們三路大軍奔波這麼遠，浩浩蕩蕩，影響那麼大，鄭國早有準備了，你們恐怕不可能偷襲成功。」

秦軍三員大將一聽就猶豫，弦高說得沒錯，以疲憊之師去攻打以逸待勞的鄭國，肯定會損失慘重，於是開始撤退。但在歸途中卻遭到晉軍的偷襲，結果秦軍全軍覆沒，三員大將也被俘虜了。

當秦國三員大將歷經千險萬阻，逃命回到秦國時，秦穆公披著縞素（孝衣），到郊外三十里迎接他們，哭著說：「委屈你們了，這一切都是我的過錯啊！我不該不聽蹇叔的話，而堅決讓你們進攻，你們哪裡有罪啊？」

秦穆公勇於承認自己的錯誤，正是一代仁君風範的表現，他這樣做不但威信絲毫無損，相反，還讓他的將士們更加信服他，更加願意為他效勞。

《禮記》也說，苟日新，日日新，又日新。《春秋》、《易經》、《禮記》是百世不衰的經典，它們不以無過失為美德，而將能改過稱為大善大德，可見人貴在改過自新。仲虺在讚揚成湯的時候，不是稱許他沒有過錯，而是稱許他改正過錯；尹吉甫在歌頌周宣王的時候，不是讚美他沒有過失，而能讚美他能夠彌補過失。古聖賢的意思非常明白，他們只以能夠改正過錯為賢能，而不以沒有過錯為可貴。這些恐怕是因為人們各自做自己要做的事情，就必然會有過錯，由上智到下愚，都不能避免。明智的人能夠改正過錯而一心向善，愚蠢的人恥於改正過錯而因循前非。一心向善，人的德行便會日日更新；因循前非，人的壞處就會越積越多。

陸贄又說：「屬下建言不夠周密而又自行誇耀，實在是不夠忠厚，但這對於領導者的恩德本來也沒有損害。如果領導者能夠採納直言規勸而不拒絕，那麼，事情傳出去，正是為領導者增加光彩；如果領導者拒絕直言規勸而不肯採納，又怎麼能夠禁止事情不傳出去？誇大的言辭，沒有效驗，不必採用；質樸誠實的話語，說在理上，不必拒絕。言辭笨拙，但見效迅速，不一定是愚昧的；說話甜美，重於財利，不一定是聰明的。這些結論都是經過對實際事物的考察和對最終結果的思索，它們的用處也沒有別的，只是為了善這個目的。」

廉頗堪稱這方面的表率。他是趙國一位驍勇的大將，攻城拔寨無堅不摧，為趙國立下了汗馬功勞。而當時的藺相如只不過是一位大臣手下的食客，但是自從藺相如「完璧歸趙」之後，仕途一帆風順，步步高升。

尤其是西元前二七九年澠池之會，藺相如英勇頑強，與秦王抗爭，終於使趙王免於受辱。回國後，趙王認知到了藺相如的英勇機智、過人膽識，就把他封為上卿，地位在廉頗之上。廉頗心裡極不舒服，心想：我廉頗為趙國出生入死，出了多少汗，流了多少血，才有今天的地位，而你卻憑著區區三寸不爛之舌，居然可以爬到我的頭上，我怎能嚥下這口氣！

一次，藺相如的馬車和廉頗的馬車在街上不期而遇。由於街道狹窄，只能通行一輛馬車，藺相如二話不說，駕車繞道而去。此後，只要看見，藺相如便繞道而行。一連幾次，藺相如的門客們都看不過去，紛紛問他緣由。藺相如耐心對大家說：

「你們看廉將軍與秦王哪一個厲害？」

「當然是秦王。」大家異口同聲回答。

「那我連秦王都不怕，怎麼會怕廉將軍呢？兩虎相爭，必有一傷，而秦國之所以怕趙國，就因為有我和廉將軍，如果我們倆爭了起來，會有什麼後果呢？」

眾人一聽都啞口無言，都為藺相如的大仁大義所感動。

當這話傳到廉頗耳中時，廉頗頓時後悔不已。他心想：是呀，自己身為國家重臣，竟然為了一點私人小利而置國家於不顧，太不應該了。

廉頗不愧為人中豪傑。他赤裸上身，綁上荊條，親自去藺府登門謝罪，乞求得到藺相如的寬恕。廉頗的「負荊請罪」不僅感動了藺相如，也感動了所有的人。

領導者也是人，肯定也會犯錯的，而且有時是明顯的、公開的，絕沒有再掩蓋起來的可能。一般來說，錯誤無論發生在誰身上，都是一件尷尬的事情，可是如果你想充耳不聞或垂頭喪氣，肯定會是欲蓋彌彰，影響到你的威信和你的形象。請不要灰心，勇敢承認錯誤，或者公開道個歉。

能採納別人的意見和建議，就是廣開言路。言路寬廣，不僅有人指出過失，領導者還能得知自己在哪些地方存在錯誤，進而彌補過失、改正錯誤，眾人都會樂於直言，知無不言，言無不盡。這樣，眾人的心態、意見和想法，都一點一滴呈現在領導者的面

前，領導者就可以綜合分析，擇優而用，得到一個合理的、周全的、精妙的解決問題的方法。

2 用積極樂觀的態度影響員工

領導者所占有的優勢並不在於天賦優異、智商奇高，或才能出眾，他的過人之處在於他的態度。作為一名領導者，更需要你時常保持樂觀健康的心情，因為你的心情會影響到下屬的心情，你的態度會影響到大家的態度。如果你已經不堪重擊而垂頭喪氣，你的下屬還能精神振作嗎？

領導者的言行往往具有很大的感召力，在必要的時候，你能夠敞開胸懷、樂觀豪放，相信你的下屬也會平添無窮的膽量，增加對你的信任感，齊心協力，共同去克服困難。

你的情緒是你自己的，由你自己來控制，只要你的意識在努力，快樂的情緒就不難得到。排遣憂愁、化解哀怨，努力去改變自己對一事一物的看法，凡事多往好的一面想想，你就會發現自己的情緒在一天天的改變，心情在一天天變好。只要你去做了，就不可能收不到效果。

不要為超越你命運的力量而驚慌、悲觀，你只要盡最大的努力做好現有的工作，必定會有一些曙光展現在眼前。要誠心為升遷的同事慶賀，並且繼續做好自己的工作，該來的事情必定會來。

作為一名主管，你要是連自己的情緒都無法調節，那麼，你肯定也不會去關心你的下屬，這是必然的。

你應該多花一些精力去關心一下你下屬的心情，因為正是你下屬的勤奮工作，才使你在主管位子上坐得如此安穩。如果每個下屬的情緒都不是很好，或者難以控制，而你身為主管，既不去及時調整改善他們的心情，也不去做好一些根本性的工作，自己反而也情緒不佳，工作將會難以展開。

這結果豈不是太令人悲哀了嗎？

無論面臨何種困境，絕不可抱著悲觀的心理，否則就無法發揮出自己的智慧，並且會失去明確的判斷力，對所有事情都會感到一籌莫展。此時，必須摒棄悲觀的念頭，憑藉冷靜的態度追究其原因，如此才不會迷失方向，並以穩健的腳步向前邁進。

主管不僅要控制自己的感情，還要用自己的好心情去影響下屬。請記住以下要點：

當你走進公司的時候，別忘記清清楚楚跟下屬說聲：「你好！」讓人覺得你充滿朝氣、性格開朗。

不論你是男或女，對於初來乍到的人，應該主動跟對方握手，用力不宜太重太輕，只要能讓對方覺得你的熱誠，已然足夠。

你要盡量爭取直視對方的機會，大家目光相接的一刻，很容易拉近彼此的距離，令對方覺得你很尊重他。

人人都喜歡受到別人的重視，你應該多向下屬提出問題，以示你對他極感興趣。你不但可以提出一些私人問題，也可以問對方一些較深入的事情。

常言道：子女是看著父母的背影長大的。木匠或雕刻匠在成為名匠之前，通常師傅只告訴他們：「看著做吧！」就是讓他們自己摸索學習，學到的就是自己的。

在一般企業中，也常應用此種方法來訓練員工。例如，某大建築公司在召入新進人員的第一個月內，根本不讓他們做任何工作，這對於懷著雄心壯志進入公司的新進人員而言，感受又是如何呢？

「森田療法」是日本的森田正馬博士創造的，它可能是目前治療精神疾病最卓越的方法。其中有一種稱為「臥褥療法」，是讓病人住在單人病房中，房內沒有電視、收音機，甚至沒有人與他交談。即使到了用餐時間，護理人員將餐點送入之後，也一語不發離去。他們除了睡覺之外，必須度過極安靜、無聊的時間。

如此一來，病人便完全沉沒在自我領域中，面對自己的煩惱及苦悶加以思考並追根究柢，有時甚至承受輾轉反側的痛苦煎熬。在迷惘與消除迷惘的過程中，他們終會達到一種「悟」的境界，逐漸恢復平靜的心情。此法開始實施時，會使人覺得百無聊賴，非常想找點事做，由原來極內向的性格，逐漸往外向發展，從而變得外向。然後，讓他們做一些輕鬆愉快的工作，再逐漸改變為一般的工作，效率往往倍增。

領導者只有保持自己態度的樂觀才能進而影響下屬。你的態度絕對不容忽視，因為它主導著你的行動。

麥斯威爾在他的《領導力二十一法則》一書中講述了一個領導者能力的「磁力法則」，即「你是怎樣的人，就吸引怎樣的追隨者」。我們從愛迪生的一生可以看到，他的樂觀態度及熱誠不僅驅動了自己，也激發了其他人「不成功不罷休」的精神，他刻意把這樣的態度傳遍公司上下。有一次他說道：「如果我們留下樂觀開朗的品格給下一代，就等於給了孩子一份無價的資產。」不過可惜的是，我們常常會發現，有些領導者自己的態度不佳，卻要求周圍的人要樂觀友善，這種言行不一的方式對下屬是不可能有感召力的，因為人們會說「他都那樣，還說我們……」

作為領導者，如果你已經擁有了積極樂觀的態度，那麼就應該保持它；相反，如果你很難對自己或他人抱持積極的態度，那也別洩氣，因為你可以選擇自己的態度，你也可以改變它。

人生中不快樂的事情，多半是由於你盲從了自己的感覺，而沒有發揮駕馭自己的能力。當你面對新的挑戰時，你內心的聲音會告訴你事情必敗嗎？如果你內心的聲音常常是消極的，就應該嘗試經常對自己多做些鼓勵。訓練一個人內心態度的最佳途徑就是：預防你的心靈逐漸消沉，以免觸礁自毀。

每個人都有自己的長處，你應該努力發掘下屬與別人不同的地方，讚美他，對方必定以同樣的態度對你。

平時你需要多留意時事及任何新消息，使自己能有各方面的話題跟下屬溝通，建立一個博學的自我形象，令下屬覺得跟你在一起眼界頓開，如沐春風。

人類最不可能被剝奪的自由之一就是，在任何狀況下，我們仍然能夠選擇自己的態度。

3 不要替下屬貼上「標籤」

上下級之間是一種相互依賴、相互制約的關係。這種關係處於良好的狀態中，對於步調一致、發展生產有著重要意義。要重視員工，不要因為某些個人或一些群體不迎合自己的生活方式而對他們做出價值判斷。你的方式可能對你是最適合的，但絕不能認定對他人也是最好的，生活中並不存在什麼最好的方式。

對於主管而言，存在著這樣一種危險：我們忘記了員工也是人。我們眼中見到的只是標籤，將對人的偏見模式化，而後我們就期望某種模式的人做出相應的行為，這種做法會導致考慮不周全的歧視並引發龐大的問題。

主管在與下屬關係的處理上，要一視同仁，同等對待，不分彼此，不分親疏，不能因為外界或個人情緒的影響，表現得時冷時熱。

雖然有的主管並無厚此薄彼之意，但在實際工作中，難免會接觸到與自己愛好相似、脾氣相近的下屬，無形中冷落了另一部分下屬。

剔除對人的分類，人與人之間有很多基本的共同點：我們都有感情、我們都持有觀點、我們都比他人認為的多一些智慧。把人們區別開來的是我們的服裝、語言、口音、個人的經歷、技能與背景，而這些都不應當使我們受到不同的待遇。

態度

有些主管由於他們的職位，拒絕與下屬談話；有些主管認為下面的人什麼都不懂；這樣的事數不勝數。利用地位權勢占人便宜，鄙視下屬，表現傲慢，以高人一等的態度待人——所有這些都標誌著你是一位很糟糕的領導者。

因此，主管要適當調整情緒，增加與自己性格愛好不同的下屬的來往，尤其對那些曾反對自己且反對錯了的下屬，更需要經常交流感情，防止造成不必要的誤會。

人們都有一種本能的需求：希望被他人認可並被認為有價值。工作中最糟糕的經歷不過是認為自己受到了貶低，這種經歷可能是因為自己的口音或是在企業中的職位。人們最怕被人瞧不起，可很多領導者卻在無意中一直這樣做，他們忽視某些階層的員工，後者會覺得被人拋棄，感到失望。這些領導者不願去傾聽低階層的人的傾訴，一點也不尊重他們所說的話，於是這些人最終就相信自己低人一等，工作不稱職。

把員工當人來對待，是指要對每一個人都表示真正的興趣。

有一點要值得注意，有的主管把與下屬建立親密無間的感情和遷就照顧、錯誤等同起來，對下屬一些不合理甚至無理的要求也一味遷就，以感情代替原則，把純潔的同事感情庸俗化。

饋贈是一種加強聯繫的方式，但在管理過程中往往誘使主管誤入歧途。有些饋贈的背後隱藏著更大的動機，特別是在有利害衝突的來往中，隨便接受饋贈，等於授人以柄，讓別人牽著鼻子走。

主管在來往中，要注意自己身邊人員的狀況。從實際情況來看，主管的行為在很大程度上受制於其貼近的人，這些人對於管理過程既有積極作用又有消極作用。平時，主管在一些事情上是依靠他們實現自己的想法，而他們又轉靠「別人」的幫助來完成主管的委託，於是就出現了「逆向」的情況。領導者周圍的人可直接影響領導者的行為，而「別人」又可左右這些人的行為，這裡存在著一條「熟人鏈」。

顯然，這些人不僅向領導者表達自身的需求，而且還要為「別人」辦事，這自然增加了制約因素。

不要按照替每個人做好的「標籤」而對人做出假想，不要持有偏見。我們的很多行為都是無意識的，我們沒有意識到自己發出去的訊號，甚至不知道自己在做什麼。我們往往也意識不到為他人造成的影響，在不知不覺中傳播了自己的偏見。我們總是自動做出假設：一個人的行為舉止總要跟我們想像中的特定模式相吻合。當一個人真的這樣做了，我們的偏見就又被加深了一層，全然不顧這些人表現出的例外。有這樣一項不言而喻的道理：要像對待你自己那樣去對待他人——分析一下你希望別人怎樣對待你，那麼就同樣去對待每一個人吧！無論他們會是誰，當領導者也不例外。因此，你要記住的是：拒絕對下屬的行為做出價值判斷。當一名出色的領導者，你需要忘記他們「是誰」，而按照他們「是什麼」來對待你的員工。

平等的第一步是公正。

4 但責己，勿責人

無論誰擔任領導者，下屬中難免會有人喜歡找理由，為自己所做的事開脫。如果理由正當勉強還可以接受，而歪理則會使得領導者深感頭痛。領導者要先懂得鞭策自己，只有以斥責自己的方式來指責犯錯的人，才能見效，否則對方會視之為耳邊風。

一個高明的領導者，會在責備下屬之前先問自己，這個責任是不是我也有一份？這叫責人先責己。這樣的人才是勇於承擔責任的領導者，才能讓下屬心服口服。

許多時候，特別是在事業受到挫折大家情緒低落時，負有一定領導責任的人能引咎自責，就能產生振奮人心、鼓舞士氣的作用。

不言而喻，一點失誤，儘管由客觀原因造成，當事人卻立即進行公開的自我批評，這自然會得到眾人的稱讚。

人才著實不好管理，但做領導者的，也不能因而置之不理。

王明新是個普通上班族，品行不佳，不但做事不認真，而且經常藉故請假。

有一天，他接到經理寫給他的一封信，信上說：

「我一直以平和的態度對待你，凡事都抱著寬容的態度來處理，事實證明，我這種做法錯了！如果我再不對你的所作所為進行提醒，不但對公司不利，對你自己也有害。你今天的態度根本是在欺騙你自己，對人生也欠缺思量。

每個人的心中固然會隱藏著煩惱和悲哀，但你卻不敢正視，一味逃避現實，自甘墮落。這種鬆散的態度可以偶爾為之，不過，人生並不是這麼簡單的，如果長期這樣鬆散下去，不久你就會發現你已經被自己、朋友和社會拋棄了。如果你對這份工作不滿意，不想做也沒關係，但是，千萬不要悲嘆自己的不幸，不要歸咎他人，不要埋怨社會上缺少人情味，不論在什麼環境之下，都不要存有依賴他人的心理。

人的一生總有許多不如意的時候，沒有必要怨天尤人。人生是孤獨的，你要牢記，在這個世界上，除了自己以外，一切都不可靠。

這些話即使我不說，相信你也一定能懂，但我若不將它說出來，心裡會一直過意不去，所以我才寫了這封信給你。你心裡也許有許多話要說，如果你願意，可以把你心中的困擾告訴我，不論什麼時候，都歡迎你來找我。

我給你十天的時間，在這段期間，如果你能改過自新，公司依舊十分歡迎你，要是過了十天，你仍然沒有回答我，還是過著自欺欺人的生活，你就不用回公司了。你可以到你要去的地方，做你要做的事。我在此靜候你的回音。」

看完信後，他才發現這個世界竟然有人這麼關心他，禁不住痛哭失聲。此後，他在態度上有了很大的轉變，與以前相比簡直判若兩人。

當然，自責的前提是真誠，否則自責再多，也不過是言不由衷的演戲罷了。作為上級，要先懂得鞭策自己，只有以指責自己的方式來指責他人，才能見效。

會怪的怪自己，不會怪的怪別人。

5 處險不驚，臨危不亂

在日常工作中，一成不變的順境是很難保持的，也許就在你要鬆一口氣的時候，困境突然出現了。如果沒有心理準備，它會讓你措手不及，瞠目以對。要想成為一個優秀的領導者，在遇到危機的時候，一定要鎮定自若，保持理智的思維，這樣才能穩定大局，使目標更加順利實現，同時也能使你的下屬對你更加敬重，樹立自己的威信。反之，若在困境面前膽小怯懦，喪失理智的思維，那麼損失的不僅是事件本身，而且你失去了下屬對你的尊重，失去了自身的威信。

領導力的活動範圍內總是充滿著模稜兩可和相互矛盾的東西，而領導者的任務總是伴隨著風險和不確定性。

天下事理無窮，人的智力是有限的，沒有人能將事物的變化算得一清二楚。在採取行動前，人們只能盡可能對風險做出評估，而計算不到的地方，就需要靠勇氣來承擔。

從容鎮定、臨危不懼，是一個領導者所應具備的基本品格。在危急的時刻，領導者的泰然自若，對於穩定局勢、安定人心、解除危難，都發揮著決定性的作用。冷靜、果斷不僅在於能夠穩定自己的情緒，更重要的是可能會對社會產生深刻的影響，同時，又能給他人一種信念、一種力量。

對於經驗豐富的領導者，能夠運用其方法輕鬆解脫臨時而來的危機。

第一，增加管理的透明度。

增加管理的透明度，可以有效減少許多干擾行為，從而減少掣肘的發生機率。增加管理過程的透明度，旨在降低管理過程中的灰色現象，因而在做法上應掌握分寸。「過度」或「不及」同樣會造成不必要的麻煩，誘導產生新的被動受阻的情況。

因此，增加管理過程透明度是十分必要的。它使大眾對管理過程有了「底」，由此減少了阻礙管理過程的因素；它使領導工作公開置於大眾的監督之下，把在決策之後有可能產生的掣肘因素消化在監督過程中，減少執行實施中某些受制於人的情況；它滿足了被領導者的自尊心和民主權利，減少了領導工作的複雜性。

本來，有些掣肘事件在發生之前，只要領導者主動溝通一下即可化解。但是，由於領導工作沒有做好，導致了一些無謂的分歧，使自己陷入了阻力重重的境地。它會使領導者背上包袱、失去自我，有些人掩蓋錯誤，以致積重難返。在這種情況下，領導者就不可能大膽展開工作，就不可能大膽糾正下級的錯誤。這樣不僅領導者被錯誤束縛手腳，很可能還在公司中形成一種不良氛圍，領導者面對此境，將會無能為力。

規則是人制定的，但往往規則一成，卻回過頭把人套住。也就是說，當初制定規則時，是人絞盡腦汁從多方面想出來的，但一段時間後就與實際需求脫節，產生種種缺陷。若要加以修正，則須花費相當的時間和精力，人們只有繼續墨守成規，成為規則下的犧牲品。

針對這種情況，領導者必須時時注意自己所定的規則，是否有不合情理之處，或不切實際的需求。一旦發現有這種情形，就應當拿出魄力，不畏艱難，加以改革，這一點是千萬不可忽略的。

第二，領導者的理智思維，可以使目標明確，計畫周密，執行慎重。孫子說：「主不可怒而興師，將不可慍而致戰。」說的就是興兵打仗不可動感情的事。在危急險惡的情勢之下，保持清醒的頭腦，冷靜分析形勢，做到「怒不變容」是使問題得到圓滿解決、化險為夷的關鍵。

一個合格的領導者，只有理智、機敏、考慮周到，才能穩定大局，使目標更加順利有效實現，也只有這樣，才能樹立自身的威信，使下屬信服。

在事業上，再成功的人也難免遇上一些驚濤駭浪，如果無法妥善的把握自己，很有可能會被大浪吞沒。領導者在驚濤駭浪來臨之時，要臨危不懼、因時而變，把握自己的命運，迎接挑戰。只有戰勝一時的困難，才有可能到達勝利的彼岸。

在不幸的處境中完成了任務，是有些偉大的。

6　虛心使人進步，驕傲使人落後

魯迅曾說過：「夾起尾巴做人。」意思就是說，做人應該謙虛而謹慎，特別是要戒氣傲心躁，其實經營管理也是一樣。許多人經營管理很是得意，但從實際中經營管理這個角度考慮，恐怕嘔氣的時候更多一點，得意少一點。這是因為商場如戰場，險惡之境比比皆是，如果不夾起尾巴做人，恐怕很難立足。

態度

一位名人曾說過：「虛心使人進步，驕傲使人落後。」巴夫洛夫也告誡人們：「絕不要陷入驕傲。因為一驕傲，你們就會在應該同意的場合固執起來；一驕傲，你們就會拒絕別人的忠告和友誼的幫助；一驕傲，你們就會喪失客觀方面的準繩。」謙虛，是人性的美德，也是馴服人、駕馭人的要領。

聰明的人將經營管理與做人聯繫起來，以平常心去做，管理地位才能長久；以虛榮心去做，不但地位保不住，恐怕家也不能興旺。所以曾國藩就說：「居官不過偶然之事，做人居家乃是長久之事。」經營管理與持家一樣，須苦心經營，保持常人本色。這樣，雖一旦失去領導地位，尚不失為興旺氣象，若貪圖領導地位之熱鬧，沒有平常之心，則離開管理職位之後，便覺氣象蕭索。所以，不論是做領導者還是做人，凡事有盛必有衰，不可不豫為計。

領導者身居高位，如果以謙虛待人、以禮貌敬人，就會得到人才與擁護。占據領導者的位置，而不能以謙虛尊人、以謙恭敬人，還要籠絡別人為我所用，怎麼做得到呢？

劉邦第一次接見「高陽酒徒」酈食其時，倚在一邊讓兩個女子為他洗腳，酈食其問道：「足下欲助秦攻諸侯呢，還是將要率諸侯破秦？」劉邦罵道：「天下之人在秦朝統治下吃盡了苦頭，我當然是率領諸侯攻秦，你怎麼說我是助秦攻諸侯呢？」酈食其說：「你下定決心聚徒合義兵以誅伐無道之秦的話，就不應該這麼倚在一邊接見長者。」劉邦一聽，便停止洗腳，穿好衣服，請酈食其上座，並向酈食其道歉。酈食其於是為劉邦講六國縱橫之事，為劉邦制定了聯合天下諸侯並力擊暴秦的戰略。劉邦也正是利用這種合縱戰略，滅掉秦王朝，然後再與合縱的諸侯爭奪勝利果實，進行了一場楚漢之爭，最終打敗項羽，建立大漢四百年基業。

《易經．謙卦》中說：「謙虛可以亨通，一開始或許不順利，但由於謙遜，必然得到支持，最後能夠成功。」象傳說：「謙遜，通行無阻。因為天的法則，是陽氣下降，救濟萬物，而且光明，普照天下；地的法則，是陰氣上升，使陰陽溝通，所以亨通。天的法則，使滿盈虧損，使謙虛增益；地的法則，改變滿盈，使其流入謙卑；鬼神的法則，加害滿盈，降福謙虛；人的法則，厭惡滿盈，喜好謙虛。謙虛受到尊敬，發出光輝，在卑賤時也不違背原則。所以，君子能夠有始有終。」象傳說：「謙虛再謙虛，是君子以謙卑的態度陶冶自己的修養。」謙虛得到共鳴，所以純正吉祥，這是由於心中對謙虛的美德有所領悟的緣故。「辛勞而且謙遜的君子最後必然吉祥，可使萬民歸心。」謙虛是天地的道理，領導者為人謙虛，眾人就會服從指揮，所以《尚書》中有「謙受益，滿招損」的說法。

《呂氏春秋》中講過這樣一個故事：

宋國有個國王就是一個非常自負的人，他執意認為，宋國是天下第一強國，是不可戰勝的。

有一次齊國出兵來攻宋國了，邊境上的守臣派使者來向他報告：「齊國的軍隊已經逼近國境，臨近邊界居住的人民都很緊張，請速決策。」

但是，宋王聽了根本不相信這套，因為在他看來，自己如此強大，齊國是根本沒有膽量來碰他的。他認為這完全是邊將膽怯心虛、假報軍情，於是不分青紅皂白，把這位使者殺死了。

然而，齊軍是不會因這位使者的死而停止前進的，很快就到達了宋國的境內，邊將只得又派使者回去發警報。宋王是個頑固的人，只相信自己，哪裡肯相信現實，結果又把這位使者殺死了。

沒過多久，齊國的軍隊就打到宋國的都城來了，嚇得宋王只好逃命去了。

清代時，曾國藩自己也常為以往過於自負而內疚。在日記中，他常責罵自己聽不進別人意見。一次在祁門，他只考慮到地理位置的優越，而未考慮軍事戰鬥時的出路，便定下以祁門為指揮部的決定，當時李鴻章力諫移到別處，而曾國藩不聽，最終所致指揮地被圍，險些被俘。另一次是在用人問題上，他欲調李元度去桂師守城，當時下屬中也有人出來苦勸，但他認定自己正確，仍固執己見，結果導致城池被奪，不得已而參劾李元度去官。凡此種種，緣為過於自負所致，可見修德之難，將自負比作做官者的第一死病，確實非兒戲之談。

聰明睿智的人，必須遵守愚昧的原則；功蓋天下的人，必須遵守讓步的原則；勇武蓋世的人，必須遵守怯懦的原則；富甲天下的人，必須遵守謙虛的原則。領導者因為自己無上的地位和金錢而傲視別人，是無法獲得追隨者的。自高自大的人，領導者用恭敬來制約他；自尊自愛的人，領導者用禮儀來對待他；自矜自誇的人，領導者用榮譽來阻擋他，這樣，天下人才將盡為領導者所用。

領導者凡事都要謙虛，不要盛氣淩人、自取其辱。

7　無可無不可

作為領導者，你必須是一個有涵養的人。對下屬要實行寬容的政策，善於求同存異，虛心聽取各種不同的意見和建議，不要總是對一些細枝末節斤斤計較，因為寬容和諒解是一種很強大的力量，它能使人們被你吸引，從而愛戴你、信服你，並願意為你服務。

史書上記載了孔子的一件軼事：

態度

孔子有一天看到麒麟孤單站在路旁尋覓夥伴，他因此感嘆天下沒有人能理解麒麟的志向和抱負。當時，子貢侍立在孔子身邊，聽到老師嘆氣，於是詢問是怎麼回事。孔子回答說：「不怨恨上天，不責備別人，努力讀書以求實現理想，了解我的人難道只有老天爺嗎？不降低自己的志向，不玷汙自己的身體，伯夷、叔齊不正是這樣的人嗎？我與他們不同，我無可無不可。」無可無不可，這是孔子之所以名垂千古的地方。

孟子在公孫丑詢問伯夷、伊尹、孔子三人有什麼不同時，回答說：「他們的處世之道不同。不是他認可的君主不服侍，不是他認可的人民不使喚，天下太平時就出來做官，天下混亂時就抽身而退，伯夷是這樣的人。只要是君主都能服事，只要是人民都能使喚，天下太平時做官，天下混亂也同樣做官，伊尹是這樣的人。該做官就做官，該隱退就隱退，該長期做官就長期做官，該馬上離開就馬上離開，孔子是這樣的人。」孔子的境界不是伯夷、伊尹所能追趕得上的，孔子令人高不可攀之處，就在於他無可無不可。

古語說：「宰相肚裡能撐船。」對於現代人來說，領導者的肚子裡要能開火車才行。對於具有不同脾氣、不同嗜好、不同優缺點的人，你要學會去團結他們，因為你是一位領導者，你必須具備一顆平常之心。

如果你的下屬看不起你，不尊重你，並且還和你鬧過彆扭，甚至你吃過他的虧、上過他的當，你仍要調整好自己的心態，去和對方好好相處。

也許你會說：我也曾努力試圖這樣做，但我就是做不到。是的，這樣做，也許對你來說有些太苛刻了一點。但是如果你想一想，你有一天走進一家百貨公司購買商品，或者到一家理髮店接受服務，如果服務人員對你態度溫暖如春，你自然是心情舒暢，十分滿意；如果對方是一副鐵板一般冷冰冰的面孔，話語寒人，對你的合理要求不理不睬，進而聲色俱厲，你又會如何應對呢？

領導者能否做到無可無不可，這要看他的胸懷是否寬廣，器度和見識是否高遠。無可無不可，不是風吹兩面倒，有也不多、無也不少的牆頭草。歷史上有許多領導者總是一意孤行、剛愎自用，凡事按照自己的脾氣來做，以為憑藉個人獨特的天賦就能牽著歷史命運的鼻子走，這種人到頭來終歸難逃失敗。有時偶爾能成事，但也只是曇花一現。例如二戰時期法西斯領袖希特勒、墨索里尼就是這樣的領導者，他們只有「有可有不可」的概念，而沒有「無可無不可」的胸懷。

日本的 SONY 公司宣導尊重每一位員工，使人盡其才、安心工作，同時也能容忍員工的不同意見，包括一些難以避免的錯誤。SONY 公司的觀點是：只要有錯即改，引以為戒，那就還有可取餘地。

盛田昭夫就曾對他的屬下說過：「放手去做你認為對的事，即使犯了錯誤，也可以從中得到經驗教訓，不再犯同樣的錯誤。」這表現了 SONY 公司的容人之心、寬容之心。

態度這樣，屬下員工才敢放心大膽探索、實踐、發揮創意，才有利於激發每一個員工的聰明才智。

「海納百川，有容乃大。」寬容別人會展現領導者為人的博大胸懷和行事的恢弘氣度。金無足赤，人無完人，容忍別人的錯誤才能迎來海闊天空。人才必有其特長，即使是競爭對手的人才也予以尊敬，如此，領導者將會贏得擁戴和人心。

寬容是一種最不懼怕競爭的美德。

8 首先重視別人能做什麼

領導者是管理人才的伯樂，正如美國一位著名經營專家所說：「管理之本在於用人。」

領導者在發揮人的長處的問題上，第一個會遇到的就是僱人問題。領導者選擇人員和升遷人員時所考慮的是以他能做什麼為基礎的，他的用人決策，不在於如何減少別人的短處，而是如何發揮人的長處。

誰想在一個組織中任用沒有缺點的人，那麼其結果最多只是一個平平庸庸的組織。

想要找「各方面都好」的人、只有優點沒有缺點的人（不管描述這種人時用什麼詞，「完人」也好，「成熟的個性」也好，「調教極好的人」也好，「通才」也好），結果只能找到平庸的人，也就是無能的人。強人總有某些缺點，有高峰必有深谷。誰也不能在十項全能中都強，與人類現有的博大的知識、經驗和能力相比，即便是最偉大的天才都不及格。其實，世界上本沒有「好人」這個概念，問題是好在哪方面。

一位領導者如果重視別人不能做什麼，而不是重視別人能做什麼，因此他以迴避缺點來選用人而不以發揮長處來選用人，那麼他本人就是一個弱者。他可能看到了別人的長處，卻把它當成對自己的威脅，但是事實上，從來沒有哪位領導者因為他的下屬很有能力、很有效率而遭殃。

美國的鋼鐵大王卡內基的墓碑上的碑文這樣寫道：「一位知道選用比他本人能力更強的人來為他工作的人安息在此。」當然，這些人之所以比卡內基更強，是因為卡內基發現了他們的長處，並應用了他們的長處。實際上，這些領導者之中的每一位只是在某一特別領域裡的某一特別工作上比卡內基「更強」，而卡內基是他們的一位有效能的領導者。

有效能的領導者知道，他們的下屬之所以拿薪水，是為了行使職責，而不是為了投上級所好，他們知道，只要一位演員能招來觀眾，他愛發多少脾氣那都無關緊要。假如發脾氣是這個演員能使自己表演達到至善至美的方法的話，那麼劇團領導者就是為受他的脾氣而拿薪水的。

有效能的領導者從來不問：「他跟我合得來嗎？」而是問：「他能做什麼？」所以在用人時，他們發現別人某一方面的傑出之處，而不看他是否具有人人都有的能力。

知人所長和用人所長是合乎人的本性的。事實上，所謂「完人」或者所謂「成熟的個性」，隱含著對人的最特殊的才能的褻瀆。人的最特殊的才能是：把他所有資源都用於一項活動、一個專門領域、一項能達到的成就上的能力。換句話說，所謂「完人」或者「成熟的個性」的概念，褻瀆了人的卓越，因為人只能在某一領域內達到卓越，最多也只能在幾個領域內達到卓越。

當然，世上確有多才多藝的人，我們通常所說的「萬能天才」指的就是這些人，但真正在多方面都有造詣的人還沒有。即使是達文西，也只不過在繪畫方面造詣較深，儘管他興趣廣泛。如果歌德的詩沒有流傳下來，那麼他所有為人所知的工作也就是對光學和哲學有所涉獵，但恐怕不見得能在百科全書上見到他的大名了。偉人尚且如此，我們這些凡人就更不用說了。除非一個領導者能夠發現別人的長處，並設法使其長處發揮作用，否則他就只有看到別人的弱點、別人的短處、別人對成果和有效性的阻礙的影響。用人只用別人的短處，只用別人的弱點，是對人才資源的浪費，說得嚴重一點就是虐待人才。

發現人的長處是為了要求成果，一個領導者不先問：「他能做什麼？」那麼就可以肯定，這位領導者的下屬不會有真正的貢獻，這等於他事先已經原諒了下屬的無成果，這樣的領導者成事不足敗事有餘。真正「苛求」的領導者——事實上，懂得用人的領導者都是苛求的領導者，總是先發掘一個人最能做什麼，再來「苛求」他做什麼。

老想克服人的缺點，組織的目標就要受挫。所謂組織，是一種工具，專門用來發揮人的長處，並中和人的短處，使其變成無害。能力很強的人不必加入組織，也不會想加入組織，他們自己獨立工作會更好。絕大多數人都沒有突出的長處，不可能憑僅有的優勢就能奏效，更何況我們還有許多缺點。研究人際關係學的專家有一句俗語：「你要一個人的『手』，就是他『整個的人』，因為他的人和手總是在一起的；同樣，一個人不可能只有長處，短長總是和我們在一起。」

但是我們可以這樣籌劃一個組織，使人的弱點只是他個人的瑕疵，被排除在他的工作和成就之外；我們可以這樣籌劃一個組織，使人的長處能得到發揮。一位優秀的會計師自行開業時，可能會因為他不善於與人相處而受挫折；所以，把他放在組織裡，我們就可以使他發揮會計業務之長，並把他不善於與人相處之短排除在他的工作之外。在一間小公司裡若只精通財務而不懂生產和銷售，也要遇到麻煩；而在一間略大一點的公司裡，一位只有財務專長的人照樣可以有很好的生產力。

領導者必須提供自由發揮的空間給員工，不斷強化員工的自我培訓，為員工提供可供學習和進步的空間與時間，並且鼓勵員工大膽發揮自己的才能。

9 讓你的臉上帶著微笑

人的最典型的表情有兩個——哭與笑，微笑為我們帶來的幸福就不用多說了。誰也不希望自己的人生是麻木的、冷漠的、哭喪著臉的，人人相信「笑比哭好」。

現實工作、生活中，一個人對你滿面冰霜、橫眉冷對；另一個人對你面帶笑容，溫暖如春，他們同時向你請教一個工作上的問題，你更歡迎哪一個？當然是後者，你會對他知無不言，言無不盡，問一答十，毫不猶豫；而對前者，恐怕就恰恰相反了。

微笑也是一種魅力，它能夠提升一個人的個人形象。

微笑，意即和善、親切、不容易動怒。

企業裡有僅僅是稍微注意下屬即受到眾人反抗的上司，亦有一開口便嘮嘮叨叨斥責，然而卻深受下屬愛戴的主管。

身為領導者，為了能使下屬發揮所長，並且帶動整個團體向上，其先決條件是必須成為受愛戴的主管。要做到以下幾點：

1　對於工作要耳熟能詳

「希望接受這位上司的指導，想要跟隨他，聽從他的話絕對不會錯……」若下屬對你有如此印象，你必然深受尊重。至於邀下屬喝酒、送下屬禮物的行為，是不必要的。

2　保持和悅的表情

一位經常面帶微笑的主管，誰都會想和他交談。即使你並未要求什麼，你的下屬也會主動提供情報。

你的肢體語言，如姿勢、態度所帶來的影響亦不容忽視。若你經常面帶笑容，自然而然，本身也會感到非常愉悅、身心舒暢。

你能永保正確的舉止，在無形中它早已引領你步向成功的大道了。有許多運動選手都表示類似的看法：「我會在重要的比賽之前，想像自己得到優勝的情景，如此，力量立刻如泉水湧上來。」

一個永保愉悅的神情與適當姿態的人，較容易受到眾人的信賴。

3 仔細傾聽下屬的意見

尤其是具有建設性的意見，更應予以重視、熱心傾聽。若那是一個好主意並且可以付諸實行，則不論下屬的建議多麼微不足道，亦要具體採用。

下屬將因為自己的意見被採納，而獲得相當大的喜悅。即使這位下屬曾經因為其他事件而受到你的責備，他也會毫不在意，對你倍加關切，產生尊重之情。由於上司對下屬的工作提案相當重視，不論成敗皆表示高度的關切，因此，下屬會感謝這位上司，並覺得一切的勞苦皆獲得回報。

4 不強求完美

上司交代下屬任務時說：「採取你認為最適當的方法。」即使下屬獲得的成果並不很完善，上司也能用心為其改正缺點。即使受到這個上司的斥責，下屬亦能由衷感到歉意，並且尊重他。

通常主管希望能夠分配稍微超出下屬能力的任務給他，因此，有能力的下屬便會被分配到困難度較高的工作，能力稍顯不足的下屬便會分配到與其能力相當的工作；若任務未能達成，則不論下屬的能力優劣與否，皆須公正論斷。

如果你認為：「由於分配給他的任務很困難，所以失敗了也沒辦法。」那就犯了大錯，因為如此一來，你原先因信賴將較艱難的工作交給他的行為，便顯得毫無意義。

你也必須具備對下屬的包容力，不能忽略給予失敗的下屬適當的肯定。雖然下屬的任務失敗了，但切勿忽略了下屬在進行任務時所付出的努力，並且需要給予適當的評價。

人皆有悲天憫人之心，對於能力不好的下屬有必要予以支持，你若故步自封、裹足不前，整體可能將因為水準低而遭受淘汰的命運。

因此，切不可只佇立於原位上，在此競爭激烈的社會中，是不允許個人感傷的。

你忠於公司、專心於工作，在全力奮鬥之際，若發現下屬中有人無法跟上步調時，你必須有所決定。

你想盡辦法要求他和大家以同樣的速度前進，因為期待心切，你才會斥責他、鼓勵他，若他仍無法成長，只好將他調至其他單位，這樣用心良苦，對他而言未必沒有好處。

你在通知下屬這個決定時，必須簡單明瞭，若你表現得依依不捨並說些多餘的話，反而會傷害到他。

如果下屬能識大體，就毫無問題；若下屬因而受到很大的打擊，並顯得意志消沉，你也不可輕易付出同情心。此時你應以豁然的態度表達：「新工作也許更適合你，拿出

態度

精神好好闖出一片天地！」

你不能與下屬糾纏不清，而必須全力往前衝刺。

如你聽說下屬由於職務調動而一直無法東山再起時，則希望你擁有一顆仁慈的心，衷心祝福他，相信你的誠心將會讓他體會出來的。

微笑可以征服你的下屬，而憤怒則不能！

笑容能照亮所有看到它的人，像穿過烏雲的太陽，帶給人們溫暖。

行為

領導者帶領人們去他們想去的地方，而偉大的領導者帶領人們去他們不一定想去但應該去的地方。

1 一語中的，消除疑慮

俗話說得好：「打蛇打七寸。」說服他人也要抓住對方的要害。要知道對方想什麼，指出對方的弱點，這樣才能有效說服對方。作為領導者，要想說服下屬，就應該抓住他所疑慮的地方。

說服他人，不能總是考慮自己，要善於從對方的立場考慮問題。如果你心中有如此想法，認為「那是再自然不過的了」，你便握有成功的機會了。

漢朝的班超，是一個有志氣有膽識的青年，他自從「投筆從戎」之後，念念不忘要揚威國外，替國家做一番轟轟烈烈的大事業。

有一次，漢明帝封他為司馬，派他跟從郭恂出使到西域（即現在新疆一帶）。他們先到達鄯善國，這個國家與匈奴接壤，是漢朝和匈奴爭取的對象。

鄯善國王名叫思，在兩個大國的威脅之下，無法決定該向誰靠攏。今見班超這一班漢使先來，招待得十分周到，正想趁這個機會，考慮和漢朝建立關係。但不到幾天，這種殷勤忽然冷淡下來了。

正所謂「三天之前溫又暖，三天之後冷如冰」。班超見這樣子，心裡疑惑起來，便對郭恂說：「真奇怪，大家看到了嗎？鄯善國王幾天前對我們的態度是何等殷勤，現在忽然冷淡起來了，這裡面必定有了緣故。我想，一定是匈奴也派使者到這裡來了，和我們展開了外交戰，使他舉棋不定：究竟是走漢朝的路線，還是走匈奴路線呢？這從他的態度變化上完全可以看得出來！」

他這樣分析了情勢之後，大家都同意他的看法。班超繼續說：「這樣看來，我們的處境可就危險了！」

說著，立即把負責招待的胡人叫進來，恐嚇他道：「我有一句話問你，一定要老老實實說出來，說得好，重重有賞；稍有含糊，叫你人頭落地。我問你，究竟匈奴的使者來了多久？有多少人？住在什麼地方？」

那個胡人本來是個老粗，被班超這一嚇，慌作一團，便一五一十把匈奴使者的一切情形統統說了出來。

班超覺得事態嚴重，已火燒眉毛了，可是他一點也不害怕。這時班超身邊有三十六個官兵，便全部把他們召集起來，開一個緊急會議，先把那個胡人扣留起來，不使其與外面聯絡，然後席地飲起酒來。

大家正飲得高興的時候，班超忽然站起身，激動的對大家說：「我們都是漢朝人，為何要跑到這荒涼的地方來呢？還不是想為國家立點功勞、求點富貴？可是，我們現在已被圍困住了，進不能，退不得。初到這裡的時候，鄯善王對我們十分客氣，這是大家都有同感的。但最近幾天，匈奴也派使者來了，他的態度忽然冷淡起來，這證明已對我們不利，他現在所疑慮的是我漢朝與匈奴哪邊更有利於他，所以，我們要趕快想個辦法來消除他的疑慮，說服他歸順我漢朝。」

大家一聽，面面相覷，其中一個人說：「事情危急，還請司馬幫大家出個主意吧！」

「對，我們一齊跟著司馬走！」大家異口同聲說。

班超繼續說：「只有兩條路，跑，或是咬！但跑是死路，我們只有這三十多個人，能跑到什麼地方去？恐怕半路上就會被消滅，唯一的辦法只有咬，先下手為強，大家同不同意？」

「同意！」

「好，我已經知道匈奴使者有多少人、住在什麼地方了，今晚我們就動手，給他們一個措手不及！他們現在正是得意的時候，不會想到我們突然有此決心和行動，自然也不防備我們的突襲，一旦鬧起事來便會手足無措，等到把這批混蛋解決了，鄯善王自然會死心塌地歸順我們。」

於是，大家趁晚上突襲，殺敗匈奴使者，使他們全軍覆沒。

到了天明，班超帶領著眾官兵跑到鄯善王那裡，把殺死的匈奴使者的頭顱扔給他看，並說道：「你所疑慮的不就是匈奴嗎？現在，他們使者的頭顱就在這裡，你還有什麼可疑慮的？」

鄯善王一看，都到了這個地步，也就無話可說，只得歸順了漢朝。

對待一些有疑慮、心有顧忌的人，你要想說服他，就應該先解除他的疑慮、顧忌，一旦你成功做到這些，他們就會對你有一定的好感，自然而然對你產生一種敬意，你再稍加攻勢，他們就會被你說服。

領導者在說服下屬之前，一般會為自己設立一個明確的目標，就是透過說服希望對方做出什麼樣的行動。這時，你只須考慮自己內心世界的真實想法，而不必忙於顧慮對方。

難聽的實話勝過動聽的謊言。

2　少犯錯誤比華而不實更易成功

領導工作和圍棋一樣，都不是一種逞強好勝之道，樸實無華的棋手是最難對付的。

俗話說：失敗為成功之母，意思是人們能夠從失敗中學到很多經驗，為以後的成功做好準備。事實上，人們在失敗中是學不到什麼經驗的，只有痛心疾首的教訓而已。

對只有一線希望的，或根本沒有什麼希望的事情，你卻為此付出了百倍的努力，表面看來，你是在努力完成著自己的使命，殊不知，你正在犯一個很大的錯誤。

在科技高速發展的今天，社會大環境中的各種競爭日趨激烈，一旦因為你的領導失誤而使組織走向失敗，你是很難東山再起的。事業的發展，必須以能夠生存下來為第一前提。

世界圍棋第一人韓國棋手李昌鎬有句名言：「棋局如人生，下棋時，布局越華麗，就越容易遭到對手的攻擊；在生活中，少犯錯誤的人要比華而不實的人更容易成功。」

李昌鎬從十五歲開始名揚天下，小小年紀竟有七十歲老人的定力，人稱少年姜太公。長大以後更是被棋界人士稱作「石佛」。據說在一場世界職業圍棋比賽中，一位日本攝影師為李昌鎬拍了三十多張照片，當時挑中了一張，但臨到沖洗照片的時候，他卻找不到哪張是該洗出來的了。因為仔細一看，李昌鎬在那三十多張照片裡的表情幾乎是一樣的，沒有什麼變化。人們說，你即使為李昌鎬拍一千張照片，如果不是姿勢有別，從表情上看是找不出變化來的。

李昌鎬在對局中，以不變應萬變，心理狀態非常穩定，從不會舉棋不定，這是許多棋手一直在追求嚮往而沒有追求到的良好的對局心理。對於一個職業棋手而言，不僅需要精力和體力的持久性，還包括對誘惑、過分自信以及輕率計算出擊的警醒，這是明察天下大勢的胸懷與寸土不讓的決心的系統結合。

我們這裡所探討的領導者少犯錯誤，是指在日常工作中，組織的領導者要含而不露，於不聲不響中增進自己的才能，發揮自己的專長。英國作家湯瑪斯．卡萊爾說：「我們應專注眼前的工作，不要只顧遠眺模糊的未來。」

以李昌鎬的能力，本來可以在棋盤上淋漓盡致展現自己的才華，然而他給對手的感覺就好像面對一座沉默的大山，表面上好像並不會給你多大的威脅，而你也很難從他那裡找到一舉確立勝勢的機會。完敗於李昌鎬手下的人很多，但是大家基本上都輸得心服口服。圍棋發展中一切華麗的東西，在李昌鎬面前黯然失色。

李昌鎬其人其藝已渾然一體，在他的棋中，表現出他的人生觀與世界觀。一般來說，李昌鎬的棋風樸實無華，是一種本身不出錯並耐心等待對方出錯的「後發制人」的棋。他有極強的實力，但又不輕易動武。他的思路，看來與古代軍事家「先為己之不勝，以待敵之可勝」是一脈相承。

對手出錯是棋手的勝因之一。試想，在長達幾個小時或幾天的比賽中，無論是進攻還是防守，在規則上都是公平的，你我輪流下子，如果雙方都不出錯，那麼最後總是平手——而這是不可能的事。

如此，下棋的每一方，在下每一著棋的時候，就有另一種意義，那就是都在用自己的棋，為對手準備出錯的機會。進攻的棋，是在威脅對手出錯；而防守的棋，是在靜中觀動，是不變應萬變，懷著希望等待對手出錯。

《老子》一書中有三寶的說法：「曰慈、曰儉、曰不敢為天下先。」老子解釋說，只有慈才能勇，只有儉才能廣，要先取得天下的認同才能受到人們的尊敬，成為人們的領導者。他強調，只有地位的低下才能成其大，如海洋、山谷，都是在最下面的。李昌鎬的勝利觀與老子是一樣的，他在棋盤上總是一副慢吞吞的樣子，好像永遠走在對手的後面，但是對手所走的每一步，他都看得很清楚，他了解對手在想什麼，他也知道，自己在什麼時間、什麼地方能夠趕上去。

管理工作和圍棋一樣，都不是一種逞強好勝之道。強調要有一種境界，有一種「不戰而屈人之兵」的居高臨下的氣勢，在最高的境界中，一切艱難險阻變成了平易坦途。一般來說，樸實無華的棋手是最難對付的，他們知道自己的意願、理想和能力只是決定事態發展的若干力量中的一小部分，因此，他們傾向於用一種非常實際的、著眼於現實的方式來迎接挑戰。

要看清自己的選擇，是否值得自己為之付出，不要肉包子打狗有去無回，但也不要對自己的選擇失去信心，如果有立竿見影的良策，就努力去追求吧！

最大的問題在哪裡呢？根本來說，就在於做正確的事與正確的做事之間的矛盾，也就是效果與效率之間的矛盾。不用說，再也沒有什麼比高效率完成一件根本不應該做的事情更糟糕的了。

3　關鍵時刻拉人一把

在企業內部的管理中，領導者非權力性影響力的作用是建立在下屬的忠誠之上的，如何獲得下屬的忠誠，是領導力的重要表現。透過關愛下屬，可贏得其忠心。

大多數的企業一遇到不景氣，就以減薪及裁員來度過難關，這種忽視員工欲求的做法很容易澆熄員工的工作熱情。

一旦受到不景氣的衝擊，就把一切的不利景況全都加諸員工，這種作法簡直就是消磨員工的鬥志。這就像是古代朝廷為了減少支出，因而削減官吏的俸祿，這作法非但使官吏意志消沉，也帶動了官吏收受賄賂的惡習，所帶來的弊害比節省薪俸嚴重多了。

懂得人心的領導者所採取的做法完全相反。

IBM 的創立總裁華生，在離開 NCR 到 CTR（IBM 的前身）擔任董事長時，首先面對的問題就是資金的匱乏與人員的過剩。資金的匱乏依靠華生的信用，得到了摩根公司的融資，剩下的就是人員過剩的問題。CTR 那些舊主管都向華生提議以裁員度過難關，但華生卻反對，他說：「裁員對公司而言是經營合理化的政策，但對員工而言卻是影響一生的問題；所以，即使人員過剩或人員的能力不足，都不能輕易裁員。」華生從訓練原先的員工做起，並未裁減任何一個人。

但這並非表示 IBM 完全沒有炒魷魚的事件，只是說明在公司採取解僱手段之前不放棄任何機會再做最大的努力，為過剩的人員找尋新的工作機會，對於能力不足的員工則以教育訓練開發其能力。

人總是會遇到困難的，下屬若遇到困難或挫折，覺得壓力很大時，如主管能及時伸出援助之手，他自會感激萬分，而更樂於跟隨主管。主管幫助下屬也並非輕易可以做到的，特別是當主管為下屬承擔失誤的責任的時候，更顯示出受人尊敬的情操。

有的員工工作很有幹勁，但當工作陷入僵局時，越是想以固執的幹勁予以克服，對於事物的觀點往往越是局限、狹隘，並使原有的意願大打折扣，難以達到目標。領導者此時應作為指導者出現，指導下屬突破難關。如果員工固執於某事，難以進展，領導者可即令其停止工作，或將一件小事轉交他去辦。待他避開固執的念頭，重新回到原來的工作時，必然可以從不同的角度找到解決問題的辦法。如果一名員工只完成了他說能完成的計畫的三分之二，就應該調查沒有完成計畫的原因，然後指導他如何學會堅持不懈將工作完成，領導者也可以指導他正確評估自己承擔工作量的能力。

向下屬伸出一隻手，會比成功時伸出兩隻手拍出的掌聲更容易讓他感動。

4　不要吝嗇讚美

人人都渴望掌聲與讚美，哪怕只是一句簡單的讚語，也會為人帶來無比的溫馨和振奮。領導者讚揚下屬是為了更加激發其積極度，激發員工的熱情和幹勁，光會說一些漂亮話是不夠的。配合實際行動，不失時機的表現你的關心和體貼，無疑是對下屬的最高讚賞。

有一個富翁特別喜歡吃烤鴨，於是用重金聘請了一位烤鴨大廚，每天專門為他烤一隻鴨。大廚師名副其實，每天烤出的鴨皮脆肉鬆，香噴可口。但富翁為人刻薄，即使天天吃到美味的烤鴨，也從不肯說一句讚美的話。終於有一段時間，廚師烤出來的鴨都只有一隻腿，富翁覺得奇怪，但礙於身分不好過問。一星期後情況還是這樣，富翁實在忍不下去，他問廚師烤的鴨子為什麼只有一隻腿？另外一條腿到哪裡去了？廚師回答道：

行為

「哎呀！您不知道？這些鴨子都只有一隻腿，不信我帶您去看看！」

富翁當然不相信廚師說的是真的，便隨著廚師到後院去看。這時，因天氣太炎熱，鴨子們都縮著一隻腿站在樹下休息。廚師說：「您看，鴨子都只有一隻腿呀！」富翁仍不信，當即拍了幾下手掌，掌聲驚動了鴨群，牠們伸出另一隻腿後紛紛逃離開了。富翁說：「你看，鴨子不是都有兩隻腿嗎？」廚師回答說：「是的！如果您提前鼓掌的話，那鴨子老早就是兩隻腿了。」

有位企業家說：「人都是活在掌聲中的，當下屬被上司肯定、受到獎賞時，他才會更加賣力工作。」戴爾・卡內基也曾說過：「當我們想改變別人時，為什麼不用讚美來代替責備呢？縱然下屬只有一點點進步，我們也應該讚美他，因為那才能激勵別人不斷改進自己。」

常言道：重賞之下必有勇夫，這是物質的低層次的激勵下屬的方法。物質激勵具有很大的局限性，比如在機關或政府，獎金是不隨意發的，下屬的很多優點和長處也不適合用物質來獎勵。

一個做事正確並受到正面評價的員工，很可能會繼續保持所需要的工作行為。同樣，一個因為做了錯事而得到負面評價的話，很可能不再重複這種行為。但是，如果一些人做了正確的事，而沒有得到任何反應會怎樣呢？所需要的工作行為可能會持續一段時間，但最終會衰退，因為似乎沒有人關心他們。

許多主管注意到他們的員工辦事是正確的，都能夠符合自己的意願，這種想法固然是好的，但他們總不能將這些正面評價的想法用語言表達出來。如果主管想得到和保持良好的工作業績，就必須讓員工知道你會注意、關心他們所做的每一件事，讓他們得到一點精神上的安慰。

下屬很認真完成了一項任務或做出了一些成績，雖然此時並不在意，但心裡卻默默的期待著上司的讚美，而上司一旦沒有關注，不給予公正的讚揚，他必定會產生一種挫折感，對上司也產生負面看法，這樣的主管怎麼能激發起大家的積極度呢？

如果你希望領導效益降低，不妨在大庭廣眾之下指出某個人的錯誤。「你會使這個人感到困窘，以後他不但不願跟隨你，可能一輩子都不會原諒你！假如在場的人有支持他的，你的敵人就更多了！因此，絕對不要輕易嘗試！」有位研究管理學造詣極高的學者提出這樣的建言。

讚美是合乎人性的管理法則，適當得體的讚美會使人感到快樂。這時候，你會聽到這樣的心聲：「他很清楚讚美我的表現，我就知道他是真摯的在關心我、尊重我，並且很熟悉我的工作內容。」同時，你會得到意想不到的回報，那就是當人們感到自己的表現受到肯定和重視時，他們會以感恩之心表現得越來越出色、越來越精彩。

領導者的讚揚不僅顯示了上司對下屬的肯定和賞識，還顯示上司很關注下屬的事情，對他的一言一行都很關心，使其在精神上受到鼓勵。

一有機會就讚美你的下屬，永遠不要嫌多。讚美你的下屬，用真誠的微笑來示意和表達，微笑的力量，無堅不摧，微笑是最好的領導者。當然，最直接的方式，還是用語言表達來讚美別人。

當傑克．威爾許擔任一個有前途的工作小組的組長時，他在辦公室裡安裝了一部專用電話，所有直屬的採購人員都可透過這部電話直接和他通話。任何一個採購人員如果能使賣主降低價格，就可以打電話給威爾許。不論威爾許當時是在談一筆百萬的生意或是在和祕書交談，他一定會立刻放下一切，親自接電話：「好消息，你使每噸鋼鐵的價格降低了五分錢。」一說完，他就會若有其事，坐下來寫一封賀信給那位採購人員。整個讚美過程看來既紊亂又含糊，然而威爾許卻藉著這種象徵性的行動，使自己及屬下成為英雄。

領導者的讚揚可以使下屬認知到自己在群體中的位置和價值，以及在上司心中的形象。工作成績被肯定，是人的價值得到了最期望的肯定，當他們得到讚賞和鼓勵後，自然會煥發出更多的光和熱。為什麼我們不能慷慨一點呢？試著去尋找下屬身上值得你讚賞和稱頌的東西，並且真誠告訴他，一開始也許不容易，但不久就會習慣的。

領導者對下屬的讚揚不僅不需要冒多少風險，也不需要多少本錢或代價，就能很容易滿足一個人的榮譽感和成就感。

5 現身說法，以身作則

很多時候，人們常用自己的親身經歷做例證，試圖說服別人。這種說理方法具有現實性強、可信度高的特點，只要運用得當，很容易達到說服別人的目的。領導者只有身先士卒、做出榜樣，才有號召力，才有資格率領下屬前進。

戰國時期，齊國的相國鄒忌，常常思考著如何說服齊王聽取他關於治國的策略，以使齊國強盛起來。

有一天，鄒忌早上起來照鏡子，在鏡子中看到自己修長的身材、俊美的容貌、整齊的衣冠，頗有一些洋洋自得。

他邊照鏡子邊問妻子：「妳說我與城北的徐公誰美呀？」

妻子不假思索回答：「當然是你美了，徐公哪裡比得上你呀？」

鄒忌有一點不相信，因為徐公是齊國遠近聞名的美男子，於是便又問他的妾，妾回答說：「徐公怎麼能比得上您呢？」

這一天有客人來拜訪他，鄒忌於是又問客人，客人說：「徐公沒有您美。」這更使鄒忌飄飄然起來。

第二天徐公來拜訪鄒忌，鄒忌仔細看了看徐公，又照著鏡子反覆對比，怎麼看都是徐公比自己美。這引起了他的深思：明明是徐公長得比自己美，可是妻、妾與客人卻都說自己比徐公美，這是什麼原因呢？他終於想出了答案：妻子說他美，是因為偏愛他；妾說他美，是因為害怕他；客人說他美，是因為有求於他。

鄒忌上朝去見齊威王，對他講完了這段親身經歷的事情後，說：「現在齊國方圓千里，有一百二十座城，嬪妃左右，莫不私王；朝廷上的眾臣，莫不畏王；國境之內，莫不有求於王。由此看來，您受的蒙蔽實在是太深了。」

齊王聽完鄒忌的話，於是就下令全國：「群臣、官吏、百姓有當面揭發我的過錯的，受上賞；上書揭發我的過錯的，受中賞；能在大庭廣眾之中揭發我的過錯的，只要被我聽到了，受下賞。」

這道求諫令剛下，群臣紛紛進諫，門庭若市；幾個月之後，偶爾還有來提意見的；一年後，即使想提意見的人也沒話可說了。齊國也因此而很快強大起來，燕、趙、魏各國都來齊國朝拜。

鄒忌為了勸服齊威王接受進諫，就透過現身說法，由淺入深，向齊王闡明道理，說服了齊王納諫。

現代企業中，主管為了突破困境，要求下屬同心協力度過難關，但身居要職的主管卻依然浪費無度，公物私用。有些主管雖然會對這種過於浪費的行為感到不好意思，卻沒有太大的改變，依然濫用私權來滿足個人的私欲，到處充斥著隱瞞實情和不公平的事。

員工期待的主管，是在非常時期能夠表現得與眾不同，且能夠斷然做出決定、迅速敏捷採取行動。只有這樣的主管，才能強而有力的支配下屬。

企業中的領導者也是如此。在競爭越來越激烈的今天，企業隨時隨地都會面臨各種困難，如果不加快腳步，很難在這困境中取得一席之地。當面臨困境時，若領導者能夠率先士卒面對難關，堅定沉著的精神就會傳達給下屬，讓大家都能夠勇敢面對挑戰。

主管要求下屬做的，自己就應率先做到，這樣才能取得主動權，才能得到下屬的信任，下屬們才會自願跟著主管走，可見主管的行動比嘴巴更能激發大眾的積極度，所以身教重於言教，言行不一是主管的大忌。除了工作上要帶頭之外，主管的表率作用也應表現在日常生活中的小事上，主管不能忽視生活小節，不能玩弄特權，不能因自己是主管而忽視紀律，這樣才能表現一個領導者對自己的嚴格要求。

今天，卓越的管理能力關鍵在於影響他人的能力，而不是職位所賦予的權力。

6 許諾一定要兌現

古人云：「君子一言既出，駟馬難追，言必行，行必果。」這是做人的學問，也是領導者處理好與周圍人際關係，樹立自己威信的方針。你的命令不是聖旨，但你的承諾卻有著沉甸甸的分量。對於無法實現的諾言，最好今天就讓員工失望，也不要等到騙取了員工的積極度後，那樣會讓他們更失望。

不少領導者所做的最糟糕的一件事就是愛許諾，可他們卻又偏偏不珍惜這一諾千金的價值，在聽覺與視覺上滿足了員工的希望之後，又留給了人們漫長的等待與終無音訊可循的噩耗。

諾言如同激素，最能激發人們的熱情。試想你在頭腦興奮的狀態下，許下了一個同樣令人興奮的諾言：若超額完成任務，大家月底將能夠拿到百分之四十的分紅。這是怎樣的一則消息啊！情緒高亢的人們已無暇顧及它的真實性了，想像力已穿過時空的隧道進入了月底分紅的那一幕。

接下來人們便數著指頭算日子，將你的許諾化為精神的動力投入到辛勤工作之中去了。到了月底，人們關注的焦點還能是什麼呢？而你此時最希望的恐怕就是有一場突如其來的大事，將人們的注意力統統引向另一個震撼人心的事件，最好是員工們就此得了失憶症，在見到你時，問你的都是「我是誰？」這樣的問題。

難以實現的諾言比謠言更可怕，雖然謠言會鬧得滿城風雨、沸沸揚揚，但人們不久就會明白事實的真相，但你未實現的承諾騙取的是人們真心的付出。就如同你讓一個天真的孩子替你跑腿送一份急件，當孩子回來向你索要獎賞時，你已溜之大吉，那孩子可能會由此而學會了收取訂金的本領。一旦你的員工有了這樣的心態，那你在組織中就是一個徹底的失敗者，你的權威沒有了，難得的信任也消逝了，赤裸裸的雇傭關係會讓你覺得自己置身於一個由僵硬的數字記號構築的組織環境之中。

當然，這裡要宣揚的還是你許下諾言並勇於兌現諾言的守信作風，想想田間耕耘的老農，他從綠油油莊稼看到了來年收成的希望，你的許諾也會讓你的員工感覺到將要收成的一個沉甸甸的未來。諾言的兌現讓所有等待了許久的人有一種心滿意足的喜悅，更堅定了他們的未來就在自己手中的信念。你也將成為眾人關注的焦點，伸向你的不再是討要報酬的大手，而是熱情的、助你成就的有力臂膀。

有許多諾言是否能兌現，不只是取決於主觀的努力，還有一個客觀條件的因素。有些照正常的情況是可以辦到的事，後來因為客觀條件產生了變化，一時辦不到，是常有的事。因此，我們不要輕率許諾，許諾時不要斬釘截鐵拍胸脯，應留一點餘地。當然，這種留有餘地是為了不使對方從希望的高峰墜入失望的深谷，而不是為自己不做努力埋契機。

對於領導者來說，不能實現的諾言，最好今天就讓員工失望，也不要等到騙取了員工的積極度後的明天讓他們失望。

7 以誠待人

「精誠所至，金石為開」，這句古老的格言至今仍然歷史彌新，熱誠可以像無線電波一樣傳遞給別人，比長篇的大論或華麗的詞藻更有力傳達你的理念，使人認同你的觀點。為此，愛默生曾經說過：「缺乏熱誠，難以成大事。」

漢末紛爭，天下大亂。各地諸侯紛紛招兵買馬，劃分勢力範圍。夢想恢復漢室的劉備，手下既無精兵強將，又無城池可做根據地，尤其重要的是缺乏一位能夠運籌帷幄之中、決勝千里之外的謀士。當時的劉備求賢若渴，幸得徐庶推薦，才得知在南陽臥龍有一天下奇士——諸葛亮。

於是，劉備便帶上兩位結拜兄弟關羽和張飛前往隆中請諸葛亮出山。哪知，出師不利，諸葛亮家中的小童子告訴劉備「先生今早外出」。性急的張飛聽罷，便對劉備說：「既然不在，我們回去吧。」劉備卻說再等一等。最終等不到，方才回去。

過了數日，劉備派人打聽，得知臥龍先生已回，便要二顧茅廬。張飛卻不耐煩了：「量一村夫，何必哥哥自去，可使人喚來便了。」劉備斥責了張飛，說孔明乃當世大賢，豈可使人召喚。於是，便頂風冒雪二請諸葛亮。至諸葛亮家中，不料他又不在。無奈之下，劉備只好寫下留言，表達他對諸葛先生的敬仰，然後告辭而歸。

等到劉備想第三次上隆中時，就連關羽也不耐煩了：「兄長兩次親往拜謁，其禮太過矣。想諸葛亮有虛名而無實學，故避而不敢見。兄何惑於斯人之甚也！」劉備只得拿周文王與姜子牙的故事來規勸兩位小弟。於是，三人便再次前往隆中。

離諸葛亮的草廬還有半里時，劉備便下馬步行，以示對諸葛先生的尊重。這次臥龍先生雖然在家，不巧的是正在熟睡。於是，劉備便率領兩位兄弟安靜站於屋門之外，靜靜等候。終於，諸葛亮被劉備的誠意所打動，起床接待了他們，並答應出山。

這便是人盡皆知的「三顧茅廬」的故事。事實證明，劉備所做的一切都是值得的，倘若沒有孔明的鼎力相助，劉備不可能三分天下有其一。

誠心換忠心，黃土變成金。

美國一家汽車輪胎公司的經理肯特先生，有一次在一家小酒館吃飯，無意中碰撞了一位喝得酩酊大醉的年輕人，因而惹起了這位醉漢的不滿，對肯特大打出手。幸虧酒館老闆的及時勸阻，肯特才得以脫身。

後來肯特得知這位年輕人發明了一種能夠增強輪胎強度的技術，並且申請了專利，但是他尋找了好幾家生產汽車輪胎的廠商，要求他們購買他的專利，結果都掃興而歸，並且受到嘲弄，因而整日鬱鬱寡歡，經常來酒館借酒澆愁。

肯特對此不敬毫不介意，並且決定聘請他來自己的公司做事。

一天早晨，肯特在年輕人工作的工廠門口等到了這位年輕人，但這個年輕人卻心灰意冷，不願向任何人談起他的發明。但是，肯特卻一直在工廠的大門口等候。肯特從早上八點鐘一直等到了下午六點。這時，那個年輕人走出廠門，沒想到這次他一見肯特的面，便爽快答應了與他合作的要求。

肯特也正是在求得這位年輕人之後，才推出了新的汽車輪胎產品，從而獲得了龐大的商業成功。

一個領導者能否成功，尤其在他創業的初期，很大程度上取決於其所擁有的下屬的能力。能否擁有一些真正的人才，是一個領導者能否走向成功的關鍵所在。要吸引人才，方法很多，但始終都擺脫不了一個「誠」字，要待人以誠。這個「誠」可表現在諸多方面，例如對自己孜孜以求的人才要保持耐心，始終不慍不火，恭敬有禮，相信總有一天你會感動他的。

誠到深處情自現，不見誠字不見情。所以要做一個出色的領導者，只有誠懇待人，寬以待人，才會獲得事業上的好夥伴、前進中的好幫手，才能真正在激烈的社會競爭中立於不敗之地。

要先引起別人的渴望，凡能這麼做的人，世人必與他在一起，這種人永不寂寞。

8 讓你的下屬忙碌起來

在用人方面，你如果真的信任某個人，你實際上在不停讓他扛責任，讓他忙碌起來。即使他是你一個下屬，他的內心會因為忙碌起來而衷心感謝你，因為你信任他。

繁忙的工作常常會使人感到快樂。給你的下屬更多的工作，讓他們有機會發揮自己的才能，也能治療種種煩惱、沮喪以及不滿，使得你周圍的環境「好」起來。

人可能天生就需要忙碌一點。當你一天到晚忙於工作，甚至忙得不可開交，辛苦自然是辛苦，但等到你忙完了手頭所有工作，你會發現，其實正是工作為我們帶來了更多的喜悅，是工作使我們變得更充實，使我們覺得人生更有意義。

人都需要找事情做，不管他是忙於工作，還是忙於其他毫無意義的事情，他總要有事情做，所以才有「人閒生是非」這樣的俗語。因為他有精力，這些精力他總得找個途徑將其發洩出去，如果他沒有正經的事情要做，他就會走東家、串西家，說些東家長、西家短的是是非非。因此，你可以看看你周圍的人，誰要是閒得無聊，誰就會不停四處搬弄是非，搞得大家雞犬不寧。

所以，仔細思索一下，你會覺得「閒得無聊」這句話說得實在是很有道理。

有一家公司讓老闆很頭痛，典型的辦公室紀律不佳，員工們往往只待上幾天就不想再待下去。令人奇怪的是，這家公司的老闆是個很民主、很開明的人，對待員工的態度很好，薪水待遇方面甚至比其他同類型的公司還高，遇到節假日，從來沒有發生老闆不讓員工休假的情況。老闆沒轍了，只好求助於一家諮詢公司，將上面的情況與專家討論了。最後，他說：「我就是不明白，我這麼好的老闆，可是員工為什麼要把時間都用在勾心鬥角、爭執和抱怨上，用在一些沒有一點意義的事情上呢？」

諮詢專家的結論是：老闆沒有使員工忙碌起來，他們是因為沒有足夠的工作去做，這才導致他們心情沮喪、心緒不寧，工作效率低下。

諮詢專家同時為他開出了解決問題的方法：要麼裁減員工人數，要麼有更多的工作讓他們去做。專家同時強調，只增加員工的工作強度，不增加薪水。

這位老闆選擇了後一種方案，他回去之後每個星期都要三番五次開會，要求員工每天都要完成預定的進度。由於工作量很大，員工們只好埋頭拚命工作。可奇怪的是，工作比原來多了許多，薪水沒有增加，員工們卻沒有絲毫怨言，而是以一種積極的態度跟老闆一起討論工作、制定新的計畫。

之所以會出現這樣的結果，原因很簡單：當員工忙得再也沒有時間發牢騷，也就沒有時間到處去撥弄是非。

還有一家企業的業務科長劉先生，是個做事勤快、富有親和力的好好先生，但是他的這些優點卻為身兼主管的他帶來了無窮的困擾，上司、下屬，甚至是其他部門的同事，大家都異常依賴他。

有些員工連一些很細小的問題也都要來請教他，他倒是來者不拒，一一耐心作答，所以到了最後，大家一遇到問題都來找他解決，而他也都會毫不猶豫接受下來。直到後來，一些人連自己能夠解決的問題、自己的本職工作都來麻煩劉先生。

但是，結果卻很不如人意，劉科長的下屬們永遠都無法獨當一面，因為劉先生把下屬們該做的工作都做了，整個單位一天到晚就見劉先生一人在忙碌著，其他人卻一天到晚無所事事。

類似這樣的事情一定要盡量避免。一個主管如果變成了一個有求必應的人，下屬就無法成長起來，這同時也為主管本人造成許多困擾，所以，要想方設法使你、你的員工都忙碌起來。

用這種使自己和員工忙碌起來的方法去治療「閒得無聊」的毛病，在許多情況下都可以使用。

作風大膽、敢為下屬設定快速步調的銷售主管，要比那些「讓推銷員自己規定銷售目標，卻不怎樣逼迫他們」的主管更快樂、更具生產效益。

在部隊中，那些想要使自己的部隊具有嚴格紀律的軍官們，都會盡量使他的下屬「保持一種忙碌狀態」，讓他們忙碌得沒有時間想其他事情，以消除士兵們的思鄉情緒。

在家庭教育中，一些做父母的把孩子的時間安排得十分充實，這樣的父母會比那些讓自己的孩子飽食終日、無所事事、到處閒逛的父母要高明得多，而「忙」孩子發生問題的機率，也比那些「閒」孩子低很多。

工作是醫治「閒得無聊」的最好藥方！所以，當你發現你自己、你的員工們變得幾乎絕望，而且神經緊張的時候，你也可以使你自己和你的員工們盡快忙碌起來。

細節

把每一件簡單的事做好就是不簡單，把每一件平凡的事做好就是不平凡。

1 從細節入手，打造非凡領導力

增強團隊精神是每位領導者必須做到的，只有強大的團隊才能在市場的浪潮中立於不敗之地，才能把公司做大。沒有強大的團隊，領導者的工作魅力怎能得到下屬的認可呢？

具體來說，一個真正的團體就是一群志同道合的好兄弟。

有個領導者胸有成竹說：「就算你沒收我的生財器具，霸占我的土地、廠房，只要留下我的夥伴，我將東山再起，建立起我的新王國。」

我們看過一些非凡的領導者，他們好像有天生獨特的再生能力、魔力，可以在很短的時間內扭轉乾坤，將一群柔弱的羔羊訓練成一支如雄獅猛虎般的管理團隊，所向披靡。

此外，我們還會發現另一個十分可貴的事實：每位成功的領導者幾乎都擁有一支完美的管理團隊。

這些成功的領導者所率領的團隊，無論是他的成員、組織氣氛、工作默契和所發揮的生產力，和一般性的團隊比起來，總是有相當大的不同的地方。

我們所說的團隊精神主要包含哪些方面的內容呢？

（一）團隊成員相互尊重

這主要有兩方面的意思：一是特定團隊內部的每個成員之間能夠相互尊重，彼此理解；二是團隊的領導者能夠為團隊創造一種相互尊重的氛圍，確保團隊成員有一種完成工作的自信心。人們只有相互尊重，尊重彼此的技術和能力，尊重彼此的意見和觀點，尊重彼此對團隊的全部貢獻，團隊共同的工作才能比這些人單獨工作更有效率。

（二）團隊內部充滿活力

一個團隊是否充滿活力，我們可以從以下三個方面看出來，這也是領導者要注意的地方。

①熱情

大家對共同工作滿意的程度如何？是否受到工作的鼓舞？想做出成就嗎？成功對大家有無激勵？

②關係

團隊成員能愉悅相處並享受著作為團隊一員的樂趣嗎？團隊內有幽默的氛圍嗎？成員之間是否能共擔風險？這都對一個團隊的關係有很大的影響。

③主動精神

團隊是否有創造性的想法?是否積極思考、尋求問題的解決方案?能否發現機會、敢冒風險?團隊是否能提供團隊成員挑戰自我、實現自我的機會?

(三)員工對團隊的高度忠誠

團隊成員對團隊有著強烈的歸屬感、一體感,強烈感受到自己是團隊的一員,絕不允許有損害團隊利益的事情發生,並且極具團隊榮譽感。

那麼,作為團隊中的一員,我們又應該從哪些方面培養自己的團隊合作能力呢?

(一)讓自己得到大家的喜歡

你的工作需要大家的理解支持和認可,而不是反對,所以你必須讓大家喜歡你。除了和大家一起工作外,還應該盡量和大家一起去參加各種活動,或者禮貌關心一下大家的生活。總之,你要使大家覺得,你不僅是他們的好同事,還是他們的好朋友,這對你發展工作也有很大的幫助。

(二)尋找發掘團隊內正向的特質

其實在每個團隊中,每個成員的優缺點都是不盡相同的。你應該去積極尋找團隊成員的正向特質,並且學習他,讓你自己的缺點和負面特質在團隊合作中被消滅。團隊強調的是共同工作，較少有命令指示，所以團隊的工作氣氛很重要，它直接影響團隊的工作效率。如果團隊的每位成員，都去積極尋找其他成員的正向特質，那麼團隊的合作就會變得很順暢，團隊整體的工作效率就會提高。

(三) 要對每個人寄予希望

誰都有被別人重視的需求，特別是那些具有創造性思維的知識型員工更是如此。有時一句小小的鼓勵和讚許，就可以使他釋放出無限的工作熱情。當你對別人寄予希望時，別人也同樣會對你寄予希望。

(四) 保持謙虛的態度

團隊中的每一位成員都可能是某個領域的專家，所以你必須保持足夠的謙虛。任何人都不喜歡驕傲自大的人，這種人在團隊合作中也不會被大家認可。你可能會覺得某個方面他人不如你，但你更應該將自己的注意力放在他人的強項上，只有這樣你才能看到自己的膚淺和無知。謙虛會讓你看到自己的短處，這種壓力會促使你自己在團隊中不斷進步。

（五）時常檢查改正自己的缺點

你應該時常檢查一下自己的缺點，比如自己是不是還是那麼對人冷漠，或者還是那麼言辭鋒利。這些缺點在獨自工作時可能還能被人忍受，但在團隊合作中就會成為你進步成長的障礙。團隊工作中需要成員一起不斷討論、研究，如果你固執己見，無法聽取他人的意見，或無法與他人達成一致，團隊的工作就無法進展下去。

團隊的效率在於配合的默契，如果達成不了這種默契，團隊合作可能是不成功的。如果你意識到了自己的缺點，不妨就在某次討論中將它坦誠講出來，承認自己的缺點，讓大家共同幫助你改進。當然，承認自己的缺點可能會讓人尷尬，你不必擔心別人的嘲笑，你只會得到同伴的理解和幫助，從而發展自己的事業。

創造一支有效團隊，對領導者來說是有百益而無一害的，如果你努力做到的話，你將可以獲得以下好處：

（1）「人多好辦事」，團隊整體動力可以達成個人無法獨立完成的大事。

（2）可以使每位夥伴的技能發揮到極限。

（3）成員有參與感，會自發性的努力去做。

（4）促使團隊成員的行為達到團隊所要求的標準。

（5）提供給追隨者足夠的發展、學習和嘗試的空間。

(6)刺激個人更有創意，更好的表現。
(7)三個臭皮匠，勝過一個諸葛亮，能有效解決重大問題。
(8)讓衝突所帶來的損害減至最低。
(9)設定明確、可行、有共識的個人和團體目標。
(10)領導者與團隊成員縱使個性不同，也能互相合作和支持。
(11)團隊成員遇到困難、挫折時，會互相支持、協助。

請務必牢記在心：一支令人欽羨的團隊，往往也是一支常勝軍。他們不斷打勝仗，不斷破紀錄，不斷改造歷史、創造未來。而作為偉大團隊的一分子，每個人都會驕傲的告訴周圍的人：「我喜歡這個團隊！我覺得自己活得意義非凡，我永遠不會忘記那些大家心手相連共創未來的經驗。」

透過在團隊裡學習、成長，每位夥伴都會不知不覺重塑自我，重新認知每個人跟群體的關係，在工作和生活上得到真正的歡愉和滿足，活出生命的意義。

一個真正的團隊能讓你如虎添翼、臨危不亂、所向披靡！

一個團隊是由許多大小因素構成的，如果領導者不精於排兵布陣，把這些「因素」有效組織成一個整體，整個團隊就會是一盤散沙。

2 小事之中見人品德

宋朝呂元膺在做東都留守時，一次與一位掌管錢糧的下級弈棋。當呂元膺抽空去處理緊急公務時，這位錢糧官趁機偷換了一顆棋子，最後贏了這局棋。呂元膺當時對此雖有察覺，但並未出聲。一段時間後，呂元膺藉故把此人調離身邊，放到外地為官，並預言此人終將因貪汙而受懲罰，後來果然不出所料。

呂元膺以一棋子認人，可謂識人於微，毫釐不爽。這裡面有什麼玄奧道理嗎？沒有，古人說：「不矜細行，終累大德」，「道自微而生，禍自微而成」。一個人的思想素養和道德品格如何，並不一定等到這個人犯了大錯誤才顯示出來，其實從這個人對很多細小問題的處理上就有所反映。

識人本應於細微處，但現實生活中仍有不少人忽視這一點，以致犯下用人失察的錯誤。比如宋朝的蔡京，在王安石執政推行新法時，他積極回應，從而得到王安石的信任和提拔；當王安石失勢時，他便很快投身到保守派一邊，反對改革。其實蔡京這個人向來就愛耍兩面派，而王安石卻疏於對其細微處的考察，以致上當受騙。

人因其有思維能力，所以往往有其虛假的一面。兵法《陰符經》中說，「性有巧拙，可以伏藏。火生於木，禍發必克。」有的人看似忠心耿耿，為實現領導者目標赴湯蹈火在所不辭，實際上是「立小忠以售大不忠，效小信以成大不信」；有的人對人表面上甜言蜜語、言聽計從，實則背後耍手段、打小報告；有的人從外表上看言不逾矩、行不違規，實則居心叵測、藏奸懷詐；有的人誇誇其談，好像無所不知、無所不能，實則金玉其外、敗絮其內，經不起實踐的檢驗；有的人在領導者面前一味賣乖討好，實則首鼠兩端、見風轉舵。諸如此類，都決定了對每個人的了解，必須從細微處做起。

在用人方面失察的原因，有的是被假象所蒙蔽，有的則是看到了他們身上的毛病，但卻經不住這些人給予的某一方面的引誘，對他們的問題不以為然，或缺乏進一步的認知。比如有的人愛巴結權貴，對於這種行為，有點腦子的人都能看出：自己在位時他來巴結，當別人在位時，他一定要去巴結別人；而這種人一旦提拔起來，就一定會巴結更大的權力者。可是有些領導者一旦被這些人「套」住，往往就不去這樣想，結果使他們的願望得逞，造成用人失誤。

古今中外，對品德的考核始終是人事考核因素中的首要內容。一些資深的人資主管認為，在創業時期，只求其才、不顧其德只能是權宜之計；守業階段，則必須德才兼備才行。不對員工進行品德方面的考核，往往會使公司受到意想不到的損害。

唐太宗李世民，可謂是一代明君，但他有時也重才輕德、偏聽偏信。在他晚年，就誤用了才氣有餘、德性不足的武將——兵部尚書侯君集。當侯君集帶兵攻破高昌之時，私取了無數的金銀珠寶；然而，唐太宗卻認為他戰功卓著，繼續加以重用。最後，侯君集終於走上了與太子勾結謀反的道路。唐太宗自從吞下這枚苦果後，元氣就大傷。唐太宗用人不當的事例，說明了對品德進行考察的重要意義。現在，許多成功的企業在員工品德考核方面也為我們做出了榜樣。

幾年前，一家全球知名的跨國公司在招募員工過程中就發生過這樣一件事。經過筆試、面試、面談等層層篩選，幾百名應徵者中只有不到十人進入了最後的面試。最後面試那天，這幾個應徵者是一個一個接受面試的。總經理在面試過程中，並沒有花太多力氣考察他們的專業知識。但是，在面試結束時，他對每個人都說了這樣一句話：「你還記得嗎？半年前，在一個研討會上，我們就已經見過面了，當時你還發表過一篇稿子，寫得真是不錯……」其實，這只是個幌子，總經理本人根本就沒有參加過這個研討會。

但是，除了最後那位女孩外，前面所有的人都順著總經理的竿子往上爬：「您一提醒，我想起來了，我們確實見過面；至於那篇稿子，寫得還不太好，希望您能多多指教……」那位女孩聽完總經理的話，心裡犯了嘀咕：「總經理一定是認錯人了，我就沒有參加過那場研討會，他怎麼會認識我呢？可是，否認吧，當著幾位考官，太不給總經理面子了；承認吧，也不合適……」最後，小女生一咬牙，非常從容回答道：「總經理先生，我想您可能認錯人了吧，我當時出差在外，沒能趕回來參加這個研討會。非常抱歉，讓您失望了……」說完後，女孩禮貌的站了起來朝外走，她當時已經不抱任何希望了。但是，就在她打開門之際，總經理叫住了她，「OOO 小姐，我們決定錄取妳了。」

事實證明，總經理的決定是正確的。在後來的工作中，這位女孩的工作成績確實非常突出。那麼，員工到底應該是具備什麼樣的品德呢？難道就是忠厚老實嗎？當然不是，忠厚老實僅僅是基本的要求，處在這個充滿激烈競爭的社會中，「德」至少還包括——義、信、勇、謀。具體來講，「義」就是在獲得成績時保持平靜的心態，不過分炫耀；「信」就是講信用，自己答應過的事情一定盡全力辦到；「勇」則指面對困難毫不畏懼，並且想辦法克服困難，獲得最後的成功；針對多變的環境，隨機應變掌握主動，這就是「謀」。

在日常的工作過程中，員工做事的風格，例如：是否尊重別人，與其他同事合作；是否尊重事實，知錯必改；是否遵紀守法，維護公共利益；是否能夠保守公司的商業祕密；是否言行一致，說的和做的一個樣；是否能夠公正對待員工；是否兩袖清風，潔身自愛；是否在任何場合都有一樣的表現……這些都是員工品德的具體表現，都應當是員工品德考核的內容。

從細微處識人，是領導者識人用人的一個重要方法。在識人問題上，要透過現象看本質，透過小節看到大節，不為假象所迷惑，不因其錯小而忽視；要聽其言、觀其行，

從日常生活中觀察，從一點一滴中了解。這樣，用人的失誤一定會大大減少，管理能力一定會有所提升。

3 細枝末節表現人情味

一個團體或公司單位會集了來自五湖四海、四面八方的人。作為領導者，你想過沒有：這些牛頭馬面、性情各異的人為何會聚集在你的周圍，聽你指揮、為你效勞？

人們總是習慣對他人建立一個影像，然後與這個影像交流，而不是他本人。這些影像都是有固定模式的，通常是被曲解的或是建立在偏見基礎上的，很少是透過客觀分析及理性建造形成的，例如會計。我們為會計建立的影像便是：他們極少開口說話，從不張揚不該張揚的東西，他們具有特定的形象以及功能。

遺憾的是，許多人吸收了別人所設想的他的特徵，而不是原本的他，他們開始扮演他人所期望的角色，這一點在領導者身上表現得尤為突出。

作為領導者的關鍵不在於產生一種你認為領導者是什麼樣的影像，也不在於按照員工認為一個領導者是什麼樣的影像，關鍵在於就是做一個人，也就是去除那些你認為某些人應是怎樣的概念，就是說要平等對待每一個人。

要做到這一點，最重要的就是忘掉每個人身上的標籤：「他是管人事的，她是會計，他是開車的……」同樣重要的是，千萬不能將人們分成不同類別。如果將人們分成不同類別，只會讓我們很容易根據帶有偏見性的假想，對他們的行為做判斷，而不是根據他們的起初表現來做決定。

作為領導者，很容易以自我為中心產生影像來增加自我重要感。有些人在擔任主管後變得自以為是，不再謙卑，失去對非主管員工的尊敬。這種自我重要感大大低估了那些在最前線卻沒有如此特權的員工對公司的貢獻。

真正優秀的領導者應是採取簡單而且基於常理的方法，真的將員工當人看待，而不是某種影像，對人給予平等感。信任員工、尊重員工、聽取員工的意見，向人們吐露祕密，與大家開玩笑，真誠對人產生興趣。這些領導者甚至真誠希望從別人身上學到更多的東西，得到後，並示以感激之情。

這都是很簡單的道理，同樣也是人之常情。如果你希望別人可以為你付出他們的全部，你必須要有人情味，將別人當作人來看待。

要讓別人覺得你富於人情味，並不是透過宣揚自我來表現，而是實實在在的透過日常生活中的細節來加以表現。

(1)為到你辦公室的人沏茶。
(2)給予老員工和勤奮工作的人鼓勵。
(3)慰問生病的員工。
(4)休息時與員工聊天。
(5)到員工常去的餐館用餐。
(6)與大家一起關注體育賽事。
(7)和員工討論文學及音樂等話題。
(8)邀請員工家人一同共進晚餐。

無論做什麼，宗旨只有一項：將如何做一個人的原則來應用於對待其他人。無論你的事業獲得多麼傲人的業績，也不要將自己高高掛起。這一點說得容易，在實踐中大多數領導者都是很難辦到的。

俗話說：「澆樹要澆根，帶人要帶心。」領導者必須摸清下屬的內心的願望和需求，並予以適當的滿足，才可能讓眾人追隨你。

4　平庸與傑出，差別在細節

古人有很多關於細節重要性的論述，如「不積跬步，無以至千里；不積小流，無以成江河」、「千里之堤，潰於蟻穴」，這就是所謂的「成也細節，敗也細節」。當有人問李嘉誠成功的祕訣時，他答道：「成功的祕訣不在於大的策略決策，而在於做好細膩工作的韌勁。」也就是說人和企業的成功，在於堅持不懈做好細膩工作。

領導者要充分理解和注重細節管理，就要摒棄浮躁心理，借鑑成功細節管理，加強學習，深刻了解把握企業發展規律，有耐心、有成效的進行細節工作，做好細節管理。

曾有一家電器公司的區域經理，擅長和經銷商喝酒拉關係，對各種行銷理論也耳熟能詳，可業績卻不是很好。在他心裡，始終覺得自己已經對負責的市場付出了無比的心血，也一直覺得自己是一名傑出的銷售人員，是公司的業務明星。他總認為是總公司的支援政策遲遲不能到位，才是他舉步維艱的罪魁禍首。

但事實的情況和他說的完全不一樣，他完全是在一個混沌的狀態下工作：每天業務員出門做了什麼他根本不知道，工作中只聽業務員的匯報而很少直接去了解市場，也有所謂的「工作匯報系統」，但是那上面連最基本的訪問紀錄都是空白的——原因是業務員覺得那都是多餘的，於是他也放棄了這項工作。

細節

最有意思的是，在當地最大的一家家電賣場，他們品牌的展台上居然有其他知名企業的產品。當別人指出他的這些錯誤時，他居然一副「雖然有點小錯，但是也不需要大驚小怪」的樣子。

雖然這家企業不斷吹噓自己的行銷團隊是「最優秀的，是能力超強的」，但一個不在意細節的企業必然是平庸的，後來該企業銷量的不斷下滑恰好說明了這一點。

平庸和傑出企業的最大差距便是「對細節的在意程度」。以銷售團隊而言，平庸企業的行銷人員在細節上都非常的「偷懶」，上司逼得不緊，也就得過且過，開了產品說明會，有了訂單，算是交差。而傑出企業的行銷人員絕對不會像上面這家企業一樣，只會泛泛而談，他們的行銷人員整天掛在嘴上的往往是一些很細節的問題，如分銷、陳列、銷售、收款等等。

在某跨國公司的分公司，有一支很優秀的銷售團隊，他們的團隊成員每天討論的是如何把商店的陳列達到最佳、競爭對手最近有什麼動態、如何去迎擊其他產品的競爭等等。當集團公司的市場和銷售總監來做市場視察的時候，不是穿著西裝對銷售人員指手畫腳，而是和業務員一起動手理貨。

所以該公司的巧克力多年來一直穩居市場占有率第一位，這並非是因為跨國企業的背景或者是廣告做得好，其實這個品牌的大部分巧克力是在當地銷售的，在國外銷量極其有限。這家公司成功的一個重要原因，是因為它有著一群對每個銷售環節都注意得很細的銷售人員，他們對競爭對手的打擊是從消滅他們的每一個細胞開始的。以這家公司的產品說明會為例，他們拿到的業績是其他公司的四至五倍！是他們有什麼特別誘人的促銷方案嗎？是他們請大牌明星到說明會上捧場嗎？都沒有，唯一可圈可點的是他們對細節的在意和堅持。

競爭的優勢，歸根究柢是管理的優勢，而管理的優勢則是透過細節來表現出來的。

5　「小事」不小

做事千萬不可以被大小限制，要跳出大小的圈子。人生價值真正的偉大在於平凡，真正的崇高在於普通。小事，一般人都不願做，但成功者與一般人最大的不同，就是他願意做別人不願意做的事情，願意付出別人不願意付出的代價。因為他們知道平凡中有偉大，普通中顯崇高，成功源於做好每一件小事。這既是成功的祕訣，也是為人處世的真諦。

相反，自命不凡的思維要不得。許多白手起家而事業有成的人，在小學徒或小員工的時候，就能以最高的熱忱和耐心去面對上司給予他們的小工作。正所謂「一屋不掃，何以掃天下？」只要你把自己定位在一心一意做好身邊小事的基礎上，世上就沒有做不好的事。

幫事情進行大事和小事的分類是為了做好工作，但有時很難分清楚什麼是大事、什麼是小事。在特定的情況下，甚至不能說向一個員工問好就是小事，而召開一次企劃會議、銷售介紹會或者財務分析會就是大事。

向一個員工問好也完全有可能成為重大事件。很多細小的行動都無法預見其最終結果，因此，在行動之初，對每一個事件都值得給予關注，它們都是你工作或生活中的一個組成部分，若對它們給予足夠的關注，則其結果將會非常不同。就像一個好父母能從孩子的細小行為或不重要的言談中，看到與其密切相關的東西，如果這些行為被忽視了，那麼將會失去一個培養孩子能力的重要機會。

若你認為宏圖大略才是真正的大事，而那些「無關策略」的事情根本不值得關注，那麼，很可能將有一大堆「小事」為你帶來一連串麻煩，導致你的重大機會被破壞，直至化成泡影。

例如，在一九八〇年代有一家著名出版社的負責人，希望該出版社在出版界的某一特定領域占據支配地位，於是決定以相當可觀的價格併購一家比較小的出版社。該負責人急於推行這一併購活動，以確保出版社在市場中的重要地位，因此向手下施加壓力，讓他們在沒有做好仔細的準備工作之前就倉促上陣，他說道：「我們以後能清除那些細節。」

然而，他手下的快速行動忽略了一個不能被忽略的細節。數以千計的顧客訂購了這家出版社的產品，出版社訂單在握，這很好；帳單及時開出，這也很好。但是只有百分之二十的客戶支付了貨款，不知是什麼原因，有人忘記去檢查貨款回收率。這件事情不是被有意隱瞞的，而是被淹沒在其他大量瑣碎的財務細節中，就這樣，非但整個策略沒有產生預期效果，而且其造成的損失妨礙了出版社幾年內的其他投資。

在公司中，是否執行長高人一等，而保全人員就低人一等？這是個很嚴重的錯誤，因為它不可避免的導致那些人對別人強加某種「高」或「低」的特性。例如：高層的人一定聰明，對嗎？他們一定具有引人注目的行銷觀念或者嶄新的產品創意，對嗎？不對。在你的公司裡，沒有任何一個人會比其他人具有更多的人性價值。如果不考慮每一項工作的重要性、收入或地位，沒有人比別人更高或更低。我們經常將一個工作的市場價值和人性價值相混淆，而且出於利己的需求，我們常常將層級制曲解成為在公司內部的社會等級制度。

在一個組織當中，領導者不一定是最聰明的人，但是他們可能擅長協調和激發其他人的才能。他們明白，自己的職責是把這些才能和其他資源匯集在一起運用，以獲取公司的利益。事實上，管理生涯最成功的企業領導者，將是這樣的領導者：他們能從公司的基層員工身上尋求創新，並且能夠不論員工的等級，對他們給予認可和獎勵。

即使每個人都能被獎勵，也不是每人都會得到同樣的報酬，那些對公司而言被認為具有更多價值的工作會得到更多的報酬，對這一事實你要看開一點。人們會理解對於公司的成功，收發室的工作人員和資深銷售人員的職位不是同樣重要的，但當你把郵件分揀人員視為「低微」的人，他們就不能理解或接受。當這一切發生時，「低微」的人就會變得不滿。雖然他們的薪資和福利或許很有競爭力，但他們感到沒有受到正確的評價，所以失去了對公司的責任感。

聰明的領導者知道，當不再評價事物的大小高低時、所有的職位都被放在一個平等的地位來考慮時，真正決定其重要性的是你的策略目標。

策略和計畫一定要從細節中來，再回到細節中去。好的策略只有落實到每個執行的細節上，才能發揮其作用。

6 天下大事，必作於細

水溫升到九十九度，還不是開水，其價值有限；若再添一把火，在九十九度的基礎上再升高一度，就會使水沸騰，並產生大量水蒸氣來啟動機器，從而獲得龐大的經濟效益。一百件事情，如果九十九件事情做好了，一件事情未做好，而這一件事情就有可能對某一公司、某一單位、某個人產生百分之百的影響。

我們工作中出現的問題，的確只是一些細節、小事上做得不完全到位，而恰恰是這些細節的不到位，常常會造成較大影響。

對很多事情來說，執行上的一點點差距，往往會導致結果上出現很大的差別。很多執行者工作沒有做到位，甚至相當一部分人做到了百分之九十九，就差百分之一，但就是這點細微的區別使他們在事業上很難取得突破和成功。

一位管理專家一針見血指出，從手中溜走百分之一的不合格，到使用者手中就是百分之百的不合格。為此，員工要自覺由被動管理到主動工作，讓規章制度成為每個員工的自覺行為，把事故苗頭消滅在萌芽之中。

因此，要想把事情做到最好，領導者心目中必須有一個很高的標準，不能是一般的標準。在決定事情之前，要進行周密的調查論證，廣泛徵求意見，盡量把可能發生的情

細節

況考慮進去，以盡可能避免出現百分之一的漏洞，直至達到預期效果。

生命中的大事皆由小事累積而成，沒有小事的累積，也就成就不了大事。人們只有了解了這一點，才會開始關注那些以往認為無關緊要的小事，開始培養自己做事一絲不苟的美德，力爭成為深具影響力的人。

做事一絲不苟，意味著對待小事和對待大事一樣謹慎。生命中的許多小事都蘊涵著令人不容忽視的道理，那種認為小事可以被忽略、置之不理的想法，正是我們做事不能善始善終的根源，它不僅使工作不完美，生活也不會快樂。

每位老闆都知道，一絲不苟的美德是多麼難得，不良的工作作風總是會在公司四處蔓延，要想找到願意為工作盡心盡力、一絲不苟的員工是很困難的一件事，因為無論大事小事都盡心盡力、善始善終的員工十分少見。

一位朋友告訴我，他的父親告誡每個孩子：「無論未來從事何種工作，一定要全力以赴、一絲不苟，能做到這一點，就不會為自己的前途操心。世界上到處都是散漫粗心的人，只有那些善始善終者是供不應求的。」

我認識許多老闆，他們多年來費盡心力在尋找能夠勝任工作的人。他們並不強求對方具備出眾的技巧，只求謹慎、盡職盡責的工作。他們聘請了一個又一個員工，卻因為粗心、懶惰、能力不足、沒有做好分內事等而頻繁將這些員工解僱。與此同時，社會上眾多失業者卻在抱怨現行的法律、社會福利和命運對自己的不公。

許多人無法培養一絲不苟的工作作風，原因在於貪圖享受，好逸惡勞，背棄了對待工作應盡職盡責的原則。

一個人成功與否在於他是不是做什麼都力求做到最好。成功者無論從事什麼工作，他都絕對不會輕率疏忽。因此，在工作中你應該以最高的規格要求自己：能做到最好，就必須做到最好；能完成百分之百，就絕不只做百分之九十九。只要你把工作做得比別人更完美、更快、更準確、更專注，動用你的全部智慧，就能引起他人的關注，實現你心中的願望。

美國西點軍校的格蘭特將軍說過：「細枝末節是最傷腦筋的。」是的，天下大事，必作於細。展現完善的自己很難，需要每一個細節都完美；但毀壞自己很容易，只要一個細節沒有注意到，就會為你帶來難以挽回的影響。

7 在「小人物」身上花點工夫

一個領導者不能經常把眼光放在那些看起來很有作為的大人物身上，事實上，你身邊的「小人物」可能就會在某件事上對你有幫助。要知道，人是最複雜的動物，你應該盡力去了解你的下屬中潛藏著哪些人物，他們各有哪些才能、專長，有什麼樣的家庭背景、社會關係等等，不要因自己一時的疏忽而耽誤了大事。

不要忽視「小人物」，在他們身上不經意的投入，有可能帶來意想不到的連鎖反應。

也許這些人有很不一般的家庭關係，其中就有人可以直接參與對你的提拔任免，你的行為正處於人家的監控之中，「授人以柄」豈不因小失大？

也許這些人頗有才華，幾年以後，其中會有人處於和你同級、甚至高於你的位置，這樣等於為自己樹立了未來的敵人，使你後悔莫及。早知如此，何必當初？

世界是不斷變化的，沒有一成不變的事情。「小人物」不會甘於永遠充當「小角色」，或許有一天也會變成「大人物」，多一個朋友總比多一個敵人強。當你消息閉塞時，會有一個你意想不到的朋友為你送來一則起死回生的消息，幫你力挽狂瀾；當你仕途低迷時，會有人扶你一把。

下面這則故事足以說明了這一點。

中山國君宴請都城裡的軍士，有個大夫司馬子期在座，只有他未分得到羊羹，司馬子期一怒之下跑到楚國，勸說楚王來攻打中山國，中山君被迫逃走。他發現，在他逃亡時有兩個人拿著戈始終跟在他後面，而且還寸步不離保護他。中山君回頭問這兩個人：「你們是做什麼的？」兩人回答說：「我們的父親有一次快要餓死了，你把一碗飯給他吃，救活了他，我父親臨終時囑咐我們：『中山君如果有難，你們一定要盡全力報效他。』所以我們決心以死來保護你。」中山君感慨得仰天而嘆：「給予，不在於多少，而在於別人遇到困難時你是否伸出了援助之手；怨恨，不在於深淺，而在於恰恰損害了別人的心。我因為一杯羊羹而逃亡國外，也因一碗飯而得到兩個願意為自己效力的勇士。」

古代歷史裡的曹操更是因為對待「小人物」態度的不同而影響大業。在官渡之戰兵處劣勢時，曹操聽說袁紹的謀士許攸來訪，竟顧不得穿衣服，赤著腳出來迎接，對許攸十分尊重。許攸感其誠，遂為曹操出謀劃策，幫了他的大忙。禮賢下士的曹操借助這個「小人物」的力量成就了許多大事。

作為領導者，一定不要輕視身邊的每一個人，包括你心目中的「小人物」。不要總是時時處處表現出高人一等的樣子，要知道，再有能力的人也不可能辦好所有的事情，再優秀的足球運動員也不可能一個人贏得整場比賽。在經營管理中，能人的因素至關重要，每個人都會為企業帶來效益。俗話說：「不走的路走三回，不用的人用三次。」說不定，有一天你心目中的「小人物」會在某個關鍵時刻，成為影響你前程和命運的「大人物」。

讓我們看看下面的故事，從中你可能會悟出一些道理。

有一家公司，行政部和財務部兩個部門的經理都是大學畢業，年齡、經歷相仿，都非常有才華。行政部門經理為人和善，善於走大眾路線。在日常工作中，對下屬分寸得當，恩威並施；在業務上嚴格要求，從不放鬆，但偶爾出了什麼差錯，他卻總能為下屬著想，主動承擔責任，為下屬擔保，深得民心；每當出差，總是不忘帶點小禮物、小物件，給每一個下屬一份愛心。

而財務部經理雖然工作成績也是不凡，但在對下屬的管理中，卻嚴厲有餘，溫情不足，有時甚至很不通情達理，缺少人情味。曾有一位下屬的老父親得了急病，等把老人送到醫院，急急忙忙趕到公司，遲到了幾分鐘。雖然這位員工平時工作勤奮，兢兢業業，從不誤事，但這位經理還是對其進行了嚴厲的批評，並處以相當數量的罰款，弄得大失民心、怨聲載道。

長此以往，終於各得其所，在不久前一次公司內部的人事調整中，行政部經理不但工作頗有業績，而且口碑甚佳，更符合一個高階主管的特質要求，被提拔為副總經理。

而那位財務部經理雖說工作也做得不錯，但沒料到下屬中有一位他從來不放在眼裡的「小人物」的同學的父親是本公司的總經理，他有失人情味的管理方式，在領導者眼裡其實不利於籠絡人心，不利於留住人才，只好繼續做他的部門主管。

可見，「小人物」的力量匯在了一起，足以推翻任何一個「大人物」。作為領導者，你一定要做到以下兩點：

（一）不要輕易得罪「小人物」。不要與他們發生正面衝突，也不值得發生正面衝突，以免留下後患。

（二）學會與「小人物」們交朋友。多一個朋友多一條路，不要用實用主義的觀點去處理與「小人物」的關係，等到「有事才登三寶殿」時就晚了。

必要時在「小人物」身上花點精力、時間，都是具有長遠效益和潛在優勢的，也許在不久的將來，你會得到加倍的報答。

8 控制好自己的一言一行

人的需求、心願和客觀事物發生各種相互作用時，就產生了情緒。作為領導者，切勿讓情緒左右你的交際！

情緒是和人的追求關聯在一起的，我們必須學會選擇快樂、拋棄煩惱，學會控制情緒是一種必要的心理整合，是獲勝的要訣之一。學會控制情緒也是獲取他人讚美的因素之一。

失敗了，流淚了，掏出手帕，終於抑住了自己，同樣向勝利者投擲鮮花，讓人看出你的瀟灑大度，別人會接受你、讚美你、認同你。

這就是控制情緒的必要性。

首先，你必須記住，不良情緒是最危險的敵人。

當我們在追求的過程中，受到對手或周圍環境的刺激或干擾時，就會產生厭惡、氣憤、抱怨等不良情緒。

當我們的追求沒能如願以償、遭到失敗時，我們可能會對自己過去的所作所為感到後悔、自責、內疚、羞慚，對自己的前途感到灰心失望、信仰破滅，而對別人產生嫉妒甚至仇恨的不良情緒。

情緒的作用是巨大的。

在追求成功的道路上，最大的危險不是來自對手，而是來自不良的情緒。

一個學生在讀書過程中，往往有幾門功課比較好，而另外一兩門功課比較差。這時，學生本人、家長，甚至連老師在內，都認為是這個學生在這方面的天賦能力較差。

其實，主要問題在於學生對這門功課的不良情緒。

該學生一拿起這本書來，各種不良情緒先就糾結在一起，沉沉壓在心上。他想到即將到來的考試，緊張、焦慮、憂愁、擔心、煩惱一齊湧上心頭，想到過去的失敗，則更是灰心、羞慚、內疚，而受到師長的批評又感到委屈、抱怨……。

在這樣的情況下，該學生怎麼可能想出巧妙的方法來解題，又怎麼可能產生創作的靈感呢？又怎麼可能只看一眼需要研讀的內容就留下深刻而難忘的印象呢？

所以，要幫助一個學生改變落後的面貌，首先要幫助他分析自己的心理力量，控制好情緒。

要改變該學生對這一門課程的看法和情緒，把被動的態度改為主動的態度。否則，花再多力氣去打基礎也是事倍功半。

情緒一壞，一個人就在心理力量上解除了武裝、繳了械，別說是提高能力，就是原來已有的能力和熟練技巧也發揮不出來，甚至連飯也吃不下、覺也睡不著，正常生活都無法維持，還談什麼心理戰術、獲取勝利？

我們在桌球比賽中，往往可以看到，一個選手一旦陷入這樣一種境地，也會技術失常、一敗塗地。

要獲取勝利，就一定要學會控制自己的情緒，學會選擇快樂、自信，而拋棄煩惱、自卑和仇恨。

領導風度要求領導者要穩重大方，慎重於一言一行，遇到多大的事情也不會大驚失色，因睚眥小事引起的心理細微變化更不能顯露在外表上。

一些主管會因為下屬的工作出現一丁點錯誤或不當，就大發雷霆，顯現出怒不可遏的樣子；一些主管會因為在家裡與家人發生了不愉快的事情，而把一張烏雲密布的臉帶到工作職位上；一些主管會把工作上的一時不順，牽連到下屬身上，這種無端而生的做法在他自己看來似乎還不無道理。

許多主管在職位上，十幾年、甚至幾十年下去，都得不到升遷，會埋怨、大發牢騷，卻不想想其中的道理。他們經常招致多數下屬的厭惡，上司對他們也沒有好的評價，這是為什麼呢？

其中，一個很重要的原因，可能就是你對自己的一言一行缺乏應有的控制，從而失去領導者所應該具有的冷靜、理性，任憑感情所驅使。

你是否會由於丟失了自己的錢包，因此幾天來心情都非常不好呢？是不是這幾天在下屬面前還沒有笑過一次呢？工作效率是不是有一定程度的下降呢？

如果從諸如丟錢包一類的事上，你就會持續一段時間的低沉狀態，情緒缺乏穩定性，那麼，作為領導者，你又如何處理得了繁雜的大事呢？

況且，這種情緒的容易波動，極不利於你與下屬處理好正常的關係。一個因為丟了錢包而整天愁眉苦臉、長吁短嘆的領導者，是很難在下屬心目中樹立起威信或風度的，下屬甚至會鄙視、看不起這樣的領導者。倘若如此，領導者又如何帶領下屬去做好各項工作呢？而且，若領導者在情緒上經常出現持續的低沉狀態，領導者與下屬之間在處理問題上、相互交談中，就很可能會發生矛盾、分歧，原有的一些潛在的矛盾也會被激發，進而造成不良後果。

所以說，領導者在工作中，不要讓一事一物影響到自己而出現情緒的波動，即使是心理發生了變化，也萬萬不可表現在顏面上，影響與下屬的相處。

一些主管博學多才、經驗豐富，但是彷彿是命運的安排，同事、下屬很少尊敬、愛戴他們。工作上這些主管的決策可以說是英明的，但結果卻很糟糕。這樣的主管直到退休或離職，在下屬的心目中都沒有太大的好感。原因很簡單，他們總是在工作中感情用事，沒能好好團結大多數下屬。

如果你在處理一些事情時，總是感情戰勝理性，下屬會認為你是一個很幼稚、膚淺、不稱職的領導者，會看不起你，從而不喜歡接觸你，更談不上建立良好的關係。下屬對你的不滿，往往會使你在工作上進退維谷、寸步難行，稍有大的動作就會碰得頭破血流。

如果你想做好工作，至少不被上司革職，你就要做一個心胸寬廣、大度、喜怒不形於色的人。

細節決定成敗，是企業管理層非常流行的一句話。一個稱職的領導者，首先要從自己的一言一行開始嚴格管理和約束，從細節做起。

9 成功的溝通是從細節開始的

對於領導者來說，與下屬進行有效的溝通是非常重要的工作。任用激勵授權等多項重要工作的順利展開，無不有賴於上下溝通順暢。

大凡生活中善於觀察的人都知道，貓和狗是仇家，見面必打架。其實，阿貓阿狗之所以為敵，是因為語言溝通上出了點問題。比較明顯的是：搖尾擺臀是犬族向夥伴示好的表現，而這一套「身體語言」在貓兒那裡卻是挑釁的意思；反之，貓兒在情緒放鬆表示友好時，喉嚨裡就會發出「呼嚕呼嚕」的聲音，而這種聲音在狗聽來就是想打架。結果，阿貓阿狗本來都是好意，卻演變成一場誤會；但從小生活在一起的貓狗就不會產生這樣的對立，原因是彼此熟悉對方的行為語言涵義，所以，熟悉對方語言、進行有效溝通十分重要。

一個公司經理向一個員工表示不滿：「在半年前，我就宣布我們公司要進入鞋類產品市場，你難道不明白，了解零售商對我們新產品的接受程度有多重要？你不下工夫，我們怎麼完成這一工作？」

員工回答道：「我確實沒有在新的鞋產品上下工夫，因為它並不是我們公司的主要產品。我把精力集中在內衣和睡衣產品上，確實不知道公司準備大規模進軍鞋類市場。其實，經理你可能早就知道鞋類產品是一條重要產品線的規劃，可這事從來沒有人對我提起。要是知道公司將全力進軍鞋業，我自然會採取完全不同的方式，但你不能說上一句『下點工夫』就指望我能明白你的意思，你應該把公司的整體規劃告訴我。」

現在，如果公司員工不了解公司的實際情況，將會為公司帶來多麼大的影響；而有了這些資訊，員工們就會做出決策，以使公司內部摩擦降到最低程度。比如上面那個案例中的員工，要是知道自己每個月的銷售預測都將成為決定各條產品線訂購量的直接依據的話，他會更加謹慎，以便準確及時做出預測。如果由於認為某個產品沒有銷路，從而削減了該產品的產量，但事後卻因開工不足，未能向顧客及時供貨；當那個員工認知到自己糟糕的預測與怒氣沖沖的顧客的電話之間的聯絡時，他會更加謹慎。要是對這些因果關聯以及相關的資訊一無所知，他會認為自己真正的工作是到顧客那裡去推銷產品，而預測工作只不過是「紙上談兵」而已。

在向員工傳達資訊時，要保證它的完整性。一般來說，應該向員工傳達出盡可能多的資訊，經理應該向員工們提供與他們有關的各個經營領域的全面資訊，這對公司是很有好處的。特別是在員工自主權力不斷發展的今天，如果經理們希望自己的員工能夠獨立做出決策，那麼讓他們得到盡可能多的資訊就顯得非常關鍵了。

在一個崇尚公開的部門，資訊透過各種管道自由流通，不管是董事、經理還是工作人員，所有人都對部門內所發生的事情瞭若指掌，關於公司的運作情況，包括財務狀況，所有人都能隨時了解到。這樣做的結果是，所有人都會做出真誠的反應，得到真誠的回報，並勇於對公司的事務說出自己的真實看法。敞開大門的做法並非偶然之舉，領導者必須是一位真誠、平易近人者，其信念和舉止能給人一種信任感、一種承諾，而這種信任感與承諾是建立公開氛圍的基礎。

美國玫琳凱化妝公司的創辦人玫琳凱女士，在面對手下員工的時候，她總是站在員工角度考慮問題，總是先如此自問：「如果我是對方，我希望得到什麼樣的態度和待遇。」經過這樣考慮的行事結果，往往再棘手的問題都能很快迎刃而解。

正如《聖經》所言：「你願意他人如何待你，你就應該如何待人。」事實證明，這項不論過去、現在或將來都適用的人生準則，對於必須與員工相處的企業領導者來說，不僅是一項再完善不過的管理行為準則，也是管理上最適用的一把溝通「鑰匙」。說簡單一點，就是換位思考、「對等溝通」。

溝通是領導者用權的開路先鋒，行之有效的溝通會時刻注意交談的細節問題。

10　委派工作時應注意的細節

當前，管理忽視細節，是不少企業的通病。如何在激烈的市場競爭中立於不敗之地，是每個企業面臨的重大課題。企業只有注意管理細節，在每一個細節上下足工夫，才能讓員工提高工作效率。

在某種程度上講，管理就是恰當分配。面對各個工作細節、各種不同類型的人，如何分配工作？怎樣分配工作既讓員工信服，又不失魅力呢？答案很簡單，就是身為公司老闆的你一定要成為分配工作的內行，否則，你將處處受阻。

分派工作就是把工作分別託付給其他人去做，這並不是把一些令人不快的工作指派給別人去做，而是下放一些權力，讓別人來做些決定，或是給別人一些機會來試試像你一樣做事。有許多公司老闆都不願意放下他們原先的工作，而是把更多新的責任加在自己身上。不卸下舊擔子，又背上新的包袱，很快就會累垮的。

人事心理學認為，每一種工作都有一個能力要求值，即每件工作都需要恰如其分的智力水準，只有這樣才能使工作效率充分發揮出來，也可避免人才浪費。因此，要按照每一位員工各自的才能和資質分配不同的工作，怎麼樣才能把工作安排得妥妥當當，就得看你這位公司老闆的細節工作能力了。

對工作類型和工作方式，每個人都有個人的需求和喜好，這些喜好可以是環境方面的、任務方面的，也可以是關係方面的。

醫生大多建議人們與他人共同工作，但是也有些人更願意獨立工作，也許與他人很少或根本沒有接觸，會讓他的工作更出色。

盡量讓任務及完成任務的方式符合個人喜好，如果不能使某項工作符合下屬的需求和需要，就要考慮把該下屬換到其他類型的工作上。

下屬與工作搭配得越好，業績也就越好。

每個人都有獨特的知識、技能、能力、態度和才能，每個優秀的下屬都是一個特殊的組合，為了最充分的利用這些資源，要允許下屬按自己的喜好改變工作方式。

在設計或重新設計一項工作時，要考慮正在此職位上工作的下屬，應該充分利用該下屬的長處，以最有效的方式分配公司的各種職責。

透過分配不同的任務給團隊成員，能夠大大提高生產力和下屬的滿意程度，他們對任務的安排方式（尤其是安排給自己的任務）越滿意，就越有可能留下來。

一個可由單人完成的工作，如果是由兩人或多人合作來完成，可以帶來更多的樂趣，而且完成得更迅速、更有效率，也更有效果。

工作環境應該在空間上、職責上和心理上有利於下屬共同工作，如果不是，則應做適當的調整以利於團隊工作模式。

卡內基就是一個分配工作的高手，他本人對鋼鐵的製造，鋼鐵生產的工藝流程，照他自己的話說，知之甚少。但他手下有三百名精兵強將在這方面都比他懂，而他僅僅只是善於把不同的工作，合理分配給具有不同專長的員工來完成。這樣，由於他知人善任，分配工作內行，也就籠絡了許多比自己能力強的人聚集在他周圍，為他效命。最終，卡內基獲得了事業的成功，登上了美國鋼鐵大王的寶座。

在你分配一件工作之前，你應該分析一下你自己的工作擔子有多重，分析一下你部門裡可以利用的資源（人力、物力）有多少，分析一下你所有可能做的選擇，挑出那些你直覺上感覺不錯的，邏輯上也行得通的選擇來做；當一項工作完成之後，找出結果來。於是，工作分配的準備工作就做好了，接著就要運用一些原則和方法來指導你進行工作。

首先要以你所希望的結果為基礎分派工作，並告知員工工作的程序及步驟，讓他們了解什麼是必須做的，又應當如何做。同時，要給予充分的資訊和資料。

還要制定工作評估的標準。作為員工，他需要了解你對成功完成一件工作的標準是什麼，只有這樣，才能將工作任務完成得更好。

一般來說，人們喜歡做那些自己做得好的事情，而不喜歡做那些令人遭受挫折或者掌握起來有困難的事情。發現員工們不喜歡做哪些事情，就會知道他們缺乏哪些技能，從而妥善安排工作。

很多工作，一個人能做，另外的人也能做，只是做出來的效果不一樣；往往是一些細節上的人員安排，決定著完成的品質。

11　兵不在多而在精

一個組織，就是一個密切關聯的統一體，一個系統的根本特點就是整體性。組織就如同一個健全的人，各個部門就如同人的各個器官，對於一個人來說，多餘的器官是毫無用處的；同樣，對於一個組織來說，多餘的部門和人員也是無益的。

社會上有種情況屢見不鮮，即某個官職由一人擔任便足以應付，卻安排了好幾人。這種現象表面上看是體制問題，實際上是領導者在任人上的嚴重失誤。不用餘人是領導者應該嚴格遵守的原則，否則就會造成機構臃腫、冗員繁多、效率低下。

（一）兵不在多而在精

唐太宗李世民任人就一貫堅持「官在得人，不在員多」的原則。他多次對群臣說：「選用精明能幹的官員，人數雖少，效率卻很高；如果任用阿諛奉承的無能之輩，數量再多，也人浮於事。」他曾命令房玄齡調整規劃三十個縣的行政區域，減少冗員。唐太宗還親自監督削減中央機構，把中央文武官員由兩千多人削減為六百四十三人。他還提倡讓精力旺盛、精明能幹的年輕官員取代體弱多病的年邁官員。透過這種方法，朝廷上下全都由能人主持，辦事效率大大提高，使得政通人和，出現了繁榮昌盛的「貞觀之治」。

相反，太平天國在南京建立政權以後，洪秀全濫封王位，至天京失陷前，封王竟達兩千七百多人，造成多王並立，各自擁兵自重，爭權奪利的混亂局面，從而致使天京事變的發生，促使太平天國由勝而衰，走向敗亡。

這成為領導者以後用人的深刻教訓之一。不用餘人，是保證令行禁止和高效率的重要條件。

（二）人多未必好辦事

自古以來有「眾人拾柴火焰高」、「人多力量大」以及「人多好辦事」等形容人多好處大的詞句，但這些並非「放之四海而皆準」的真理。領導者應就具體問題具體分析，不要盲目應用。尤其在任人問題上，人多未必好辦事。

首先，人多了不利於統一管理。無論是企業還是機關部門，都必須統一管理，才能有高效率的出現。如果本該一個人辦的事卻安排幾個人去做，就可能導致意見分歧、互不相讓，甚至產生矛盾，最後分頭行事或者大家都一走了之，誰也不辦。人多了，各有各的看法，加上一些人可能心懷不軌，就難以統一意見，辦事效率可想而知了。避免這種情況發生的最好辦法，就是領導者在任人時不用餘人。

其次，冗員繁多易形成懶散的作風，效率低下。古語說，「一個和尚挑水喝，兩個和尚抬水喝，三個和尚沒水喝」，無疑是人多未必好辦事的生動寫照。不難理解，由於一職多官，遇到事後相互推諉，都怕惹火燒身，都想明哲保身，做一個好人，效率當然上不去了。

最後，冗員繁多不利於人才能力的發揮。由於沒有集中的權力，加上相互牽制，都怕對方超過自己，一些人才的想法和看法得不到尊重，策略也無法實施，導致了人才資源的浪費。一些有才之士雖有滿腹經綸卻無法施展，這對公司或部門的發展都非常不利。

領導者在任人時要選用精兵良將，不多用一人，也不閒置一人，使人事保持相對穩定，不閒則已，閒則必責。如果當下沒有找到合適的人選，寧可讓職位空缺，也不濫竽充數。

12 指揮命令要做到「粗中有細」

在企業的人際交往中，最能表現你人際技巧的人際接觸，就是在你向員工們委派任務的時候了，這裡面有著很大的學問。

你向員工委派任務所使用的技巧，其目的當然是讓他們能夠順利完成任務。這需要你對任務本身的深刻認識與了解，確保任務內容的明確、清楚，這些都是你委派前的必備工作。當你具體進行人際接觸時，除了工作的內容說得清楚、有條理以外，還要就不同類型的員工加以一定的引導，幫助他們建立起完成任務的信心與責任感。

對於那種好勝而自負、進取性極強的員工，在委派了任務之後，你最好用一句最簡潔的話觸動一下他那根「好戰」的神經。你可以說：「這項任務對你來說有困難嗎？」在得到他帶有輕蔑口吻的回答之後，你便可以收場了，太多的叮嚀只會引起他的煩躁，而且還會使他對任務的執行更加不屑一顧。

那些做事缺乏信心、不夠大膽的員工應該是你特別關照的對象，在詳細說明了工作任務之後，你必須要重重拍拍他的肩膀，讓他的精神狀態振作起來，然後對他說：「這項任務，依你的實力來看，算不了什麼，努力去做吧，你一定會給我們一個驚喜的。」話說完，要迅速給他一個擁抱，再重重拍擊他的背部，這種鼓勵是非常有必要的，員工們會想：只要我加倍努力，必有所得，哪怕失敗了，還有一個大團體在支持著我呢！

誰都不願意與「唯利是圖」的人打交道，但在一個企業中，講求實惠的員工是大有人在的，他們關心的很可能不是任務本身，而在於任務背後的物質利益保障，對待這樣的員工，對任務內容你可以適當的輕描淡寫，但也一定要讓他清楚意識到：出色完成任務是論及其他東西的前提。在向他傳達完任務的主旨之後，就進入了他所關心的階段。保持神祕感只會讓他喪失對工作的興趣，不妨就向他挑明完成任務之後能帶來的豐厚物質利益，最好在完成任務的過程中再增設一定的物質刺激，並在委派之時向他說明出色完成意味著什麼，這顯然有助於激勵他漂亮完成任務！

也許年長的員工在你的企業裡不多見，他們由於歲數偏大、精力有限，在企業中的地位江河日下，在向他們委派任務之時，就要特別尊重他們的感情與意見，體諒他們的難處。

保持謙虛的態度，是你與歲數高於你的人成功來往的關鍵，仔細說明任務的每個細節，並及時向對方詢問任務執行的可行性以及其難處，這樣會使你在委派任務的同時又獲得許多經驗之談。

在委派結束之時，要親切的對他說：「完成這項任務，最需要的就是您的豐富經驗與聰明才智，如果在其他方面有什麼問題或意見，希望您能及時幫我們點出，我們會立刻解決的。」

你的幾句謙遜、噓寒問暖的話語，會讓這些年老員工的心獲得足夠慰藉，也許還會煥發出年輕時的幹勁與熱情。

人最大的樂趣就在於做他們最想做的事。對於那些本身對所委派的工作就抱有極大興趣的員工來說，任務就是愛好，是他們樂而忘返、得到極大滿足的事物，他們的創造力會在任務的完成過程中獲得極大的發揮。

你對這樣的員工肯定是愛不釋手的。對他們，你也許不必將任務說得太細，因為他們很可能會問得你都招架不住！任務解釋清楚之後，你只需謙虛說一句：「對這種工作，你是專家，全看你的了。」留給他充分的時間與空間去展現他們個人的創造才能！

發布命令要懂得一些技巧才行，到處是命令等於沒有命令，只有最恰當、最正確的命令才是最有效的命令。掌握了上述的技巧，你的命令就會「不令而行」了。

創新

我們之所以不斷前進，開拓新的項目，嘗試不同的事情，是因為我們好奇，而正是這種好奇引領我們走向新的方向。

1 創新是有計畫的冒險

不管做什麼事，都會有風險。然而，風險既含有危險的一面，又隱含機會的一面。跨越風險便是坦途，機會就赫然呈現在你的面前。

大凡成功的領導者總是既能清醒躲避風險，又常常知難而進，善於做出常人不敢做出的選擇，善於從風險中尋找發展的機會。

美國一位成功學家說：「我所見過的成功領導者中，幾乎所有的人都有一個共同的特點，即是不怕承擔失敗的風險。每一種嘗試都要承擔失敗的風險，否則你要怎麼辦呢？一事不做，一事無成，默默以終？如果你真的什麼都不做，確實可以避免失敗，可是你同時也跟成功絕緣了。生命中，也許承重的事物或多或少都要承擔一些風險，如果你不嘗試的話，就做不到也得不到。不要害怕去為自己的夢想奮鬥，正如這句話：『有時候你總得探頭到枝頭上，因為那才是結果的地方』。」

但在現實生活之中，很多領導者為求得所謂的穩定，總在按照老方法辦事，或盡量躲避風險，比如政府官員們往往強調降低各項事務的風險率，他們這樣做的結果必然使得社會越發趨於窒息。

當然，意圖將風險率降至零指數的政策勢必與現實相牴觸。它的結果必然是枯竭創造力，杜絕創新，並使社會停滯不前。

總之，如果不冒險，那你什麼事都不用做。作為領導者，要是想讓人人都滿意，那最好是退出賽場，待在家裡，鑽到被子裡讀讀漫畫雜誌好了。領導者的關鍵之處，就是不能遇到壓力就低頭，否則，肯定一事無成。那樣雖然可以大大減輕工作重擔，但是能有什麼建樹呢？

成功的領導者，無不具有宏圖大略。他們勃勃的雄心在沒有實現之前，在普通人看來是一個不可企及的夢想，是一般人在做白日夢時都不會出現的海市蜃樓。

很難講這些「夢想」在很大程度上是建立在理性分析之上，但是命運往往垂青那些勇於「做夢」的領導者。因為如果連「夢」都不敢做，更談不上激發創造的火花，冒險嘗試，獲得驚人的成功。縱觀美國商界，沒有哪位發達的大亨不具野心，沒有哪個是因偶然的運氣暴富。他們的光榮就築於夢想之上，越來越大的夢想，化作滾雪球般增大的財富。

這類「夢想」進取型成功人士的典型代表則是世界旅館業大王希爾頓，他說：「我所說的夢想和空想是截然不同的。空想是白日做夢，永遠難以實現。也不是人們所說神的啟示，我所說的夢想是指人人可及，以熱誠、精力、期望作為後盾，一種具有想像力的思考。」

希爾頓認為，完成大事業的前導是夢想，並配合以禱告、工作，否則禱告就失去了意義。這兩者就好像夢想的手和足。或許偶爾有些運氣的成分存在，不過如果沒有一份完美的宏偉藍圖，不敢將夢想付諸實踐，一切都是白費。

一切都是白費！記住這六個字的結果。為什麼許多人工作十幾年甚至幾十年，忙忙碌碌卻終無所成呢？因為他們沒有夢想，一切都是機械、被動的去做，像上了發條的機器，他們儘管工作得兢兢業業，一絲不苟，但最終還是為他人做嫁衣。

有作為的領導者不僅勇於闖蕩四海，孜孜尋「夢」，而且在經營過程中勇於做「瘋子」：做出超乎常人的「瘋狂」決策，「瘋狂」堅持自己的目標，堅定按照自己的夢想去做，並不斷從一次又一次的失敗當中汲取教訓，進一步完善和發展自己的管理和經營方法，改進技術，百折不撓，最終得到「成功」的回報。

具有現代思維和進取意識的領導者，都應該知難而進、銳意進攻、膽識過人，勇於將夢想付諸實踐。只有這樣的領導者，最終才能獲得事業上的真正成功。

正如這段話所說：「領導人物走在團隊前面，並且一直走在前面。他們用自己提出的標準來衡量自己，並樂意別人用這些標準要求自己。最好的領導人物就是能不斷成長、發展、學習的人。」

無論是戰勝逆境還是創造獨特的事物，激動人心的挑戰與冒險總是最有益於領導者做好工作的主線。冒險的形勢有助於產生成就感和自我價值感。枯燥無味、令人生厭的任務不會促進管理和高效。使領導者及下屬激動的是具有挑戰性和冒險性任務自身的價值。解決一個獨特的問題，發現什麼新的事物，這樣的機會能使人們精神抖擻。

當然，冒險總免不了差錯和失敗，為此，領導者應創造對錯誤和失敗寬容的氣氛，減輕下屬對失敗及懲罰的恐懼。即使主意或建議沒被採納或沒有結果，也不能一味否定，特別是那些頗有創造性的員工，不喜歡把自己和長久無效的工作聯繫在一起。

你不要過分看重如何防止失敗發生一類的問題，這會導致下屬對創新方案中的缺點和弱點特別敏感，從小心行事到避免懲罰，結果是只求安全而缺乏創造性。要扭轉這種局面，除盡可能關注方案中好的方面和積極方面之外，還要允許下屬對其設想進行試驗，提倡有計畫的冒險，並給予合理的差錯界限，要把差錯看作是一次學習的機會。

要怎麼教導別人，讓他們更具創新能力呢？一個很好的方法是，要求他們以整體的觀念來處理問題。

為了追求組織的成長，作為領導者必須創造出大家勇於實驗的環境，相信員工可以從錯誤中學習，所以希望員工為了達到完美的結果而盡量嘗試異於常態的事物。鼓勵員工多加實驗，應該是領導者的目標。

對組織的發展而言，也必須運用比以往更聰明的方式進行實驗。當你摘下遮蔽視野的傳統「有色眼鏡」，就會對自己激勵員工全力以赴所獲得的成就深感驚訝。而營造出能敦促員工以換位的角度來思考的環境，就能不斷想出新的另類創意，也賦予員工更大的自由，鼓勵他們冒險。想鼓勵創新的實驗和創新精神，就必須讓他們知道——失敗了也沒關係。

創新要盡量減輕下屬的後顧之憂和畏縮情緒，從而提高下屬的自主意識和獨創精神。即使需要批評，也應是具有建設性、講究因勢利導的方法。你應該成為組織創新的催化劑，而不是擋路石；成為下屬可以信賴的人，而不是一個控制者或監督者。在共同關係中，你和下屬之間，以及下屬和下屬之間的創造性和合作精神會得到最大程度的發揮。在組織內設置一些特殊的場所和領域，讓下屬員工自由去那裡進行創造性活動。

許多主管說自己樂於見到創新的做法，也期待見到創新，但同時也告訴員工：「只要別搞砸就行了。」然而，所謂失敗，有各種定義。如果某個小組實驗了一些新的做法之後，說：「這就是所有事實，而無法成功的原因如下……。」

這不是失敗，這是一種學習的經驗，而且經常是通往成功之路的里程碑。

下屬受到這樣的思考程序刺激時，便會有極大的成長與學習動力。如果我們不了解這些現象背後的真理，便無法有足夠的實力做出正確的決定。反之，如果我們回過頭去了解這些事情發生的根本起因，便可以做出正確判斷。這是得到真正創新能力的方法。

千萬不要要求組織中的所有下屬成員都按著你的思維方式思考問題。千人一腦，不利於組織的發展壯大。人的思維方式決定著組織事業發展的高度。

冒險總免不了差錯和失敗，為此，領導者應創造對錯誤和失敗寬容的氣氛，要減輕下屬對失敗及懲罰的恐懼。

2　萬變不離其宗

用人之道是領導者、使用對象和環境三者交叉作用與交織影響的過程。用人之道除了隨環境而變外，還要考慮使用對象這一重要因素，也應該隨對象的不同而不同。日本的片方善治指出：「不了解對象，就不可能發揮管理作用。」用人者要學會利用自己的用人經驗，經常改進用人方式，使自己隨時適應新的被用者和新的用人情況。

不同的使用對象，其特質、能力以及相關的情況均有不同，這種使用對象的差別性要求領導者的作風及方式具有可變性，隨對象不同而有所不同。使用對象的差別性往往會使不善權變的領導者捉襟見肘，顯得無能。要想用人得心應手，左右逢源，有效整合、調度、指揮、使用對象，領導者必須了解對象、熟悉對象，善於權變，善於根據不同對象採用不同的作風、方法和手段。

精通權變的領導者，他的用人風格並不是單一的，而是一種複合的可變的作風形態。他也許會覺得對某個對象必須採取，堅決、毫不含糊和明確運用權力的管理方式，而對另一對象，則認為應該採取鬆散、自由和共同磋商的管理方式。一個用人者其用人風格的多樣性，集中表現於對不同使用對象施以不同的管理作用。

領導者在活動中運用權變方法，是透過具體的權變行為實現的。權變行為由知覺、反應、調節和對策四個環節構成。

知覺，是指領導者對使用對象環境的感知和認識。善於權變的領導者首先應具有敏銳的洞察力，能夠對客觀事物有所真知和深知，能從細微的徵兆中察覺到變化，能從各種管道捕捉變化的資訊。

反應，是指在知覺事物變化後做出的思維判斷。權變的用人者當察覺使用對象和環境的變化後，能夠立即啟動思維機器，迅速而正確分析變化的原因，弄清變化的程度和規模，並決定實施行動。

調節，是指對變化反應的同時關於自己行為的調整和改變。權變的領導者善於把自己的行為調適到合乎客觀事物變化要求的程度上，他們一般表現出處變不驚、遇亂不慌、臨危不懼，能沉著鎮定、從容不迫完成行為調適過程。

對策，主要是指對變化所採取的實際行動。擅長權變的用人者，其對策是主動積極的，是果斷正確的，也是巧妙有效的，有時還是出其不意的。

按照權變方法論實施的用人行為，其表現特徵應有如下四點：

1 兵無常勢，水無常形

《孫子兵法．虛實篇》講：「兵無常勢，水無常形。」用人之道也像流動無常的水，變化莫測的用兵一樣，沒有固定不變的模式，這是由於構成用人之道的人和事的多樣性和複雜性所造成的。用人之道的不定性使得用人方法必然是因時、因地、因人、因事進行變化。這種變不是一般的變，而是變通的變，其特點有二：一是趨時而變，講求時機時效；二是靈活而變，無常規常法。權變的用人行為以變通為手段，隨機而變，以變應變，以變制變。

2 適宜的方法就是最好的方法

權變行為把適宜作為行動的基本原則，沒有絕對的好方法，適宜的方法就是最好的方法。權變用人堅持從實際出發的方針，它雖然承認各種用人之道既有相似性又有差異性，但它仍然強調要尋求用者與被用者、用人環境之間的一致性。這種一致性集中表現於適宜，要求領導者的行為必須正好符合被用者的情況和用人環境的情勢。權變的適宜性使得領導者一定要從事物的共性中去求個性，在矛盾的普遍性中去求特殊性，並透過個性和特殊性把握共性和普遍性。

3　趨利避害

權變把是非的衡量、輕重的權衡作為出發點，目的是為了趨利避害。因此，趨利性就成為權變行為一個必不可少的特性，這是權變的內在本質所規定的。趨利性透過領導者的價值平穩去實現，當領導者面臨採取權變行動時，他們總是用各種標準和原則與自己「交談」。這時，各種價值觀都正式或非正式的推向領導者，領導者拋棄那些在自己看來不足取的，吸收那些自己認為可採用的，並納入自己的價值體系，經過這樣一番價值平衡之後，他們才做出使行動朝有利方向發展的對策。

4　以謀略取勝

權變的目的不是為了進行實力的角逐，而是以謀略取勝，因此，權變講究方略，講究技巧。《漢書．藝文志》指出：「權謀者，以正守國，以奇用兵，先計而後戰，兼形勢，包陰陽，用技巧者也。」

權變行為的四個特徵互相關聯，互相制約，共同作用，不能缺少任何一個。變通性是權變的核心，離開了變通，不成其為權變；適宜性是權變的保證，只有適宜，權變才行得通，才是有效的；技巧性是權變的羽翼，它使權變神通廣大，無所不至；趨利性是權變的出發點和歸宿，它為權變指明方向和途徑。這些權變的內在規律性，使權變明顯與無原則的權宜和欺世作弊的技術有著本質區別。權變並不是居心叵測，也不是詭祕難料，它正大光明，它有規律可循，它是科學。

應當指出的是，權變的變也不是絕對的，它有不變的一面。權變的依據完全在於是非和利弊，因而無論怎樣權變的用人者，他總是從自己的立場出發來變。權變應「萬變不離其宗」，這就是不變的一面。

「兵無常勢，水無常形。」用人之道也像流動無常的水、變化莫測的用兵一樣，沒有固定不變的模式。權變的用人行為以變通為手段，隨機而變，以變應變，以變制變。

3 擺脫單一的思維方式

創新是人類社會進步與發展的前提，創新思維是人類特有的認知能力和實踐能力，是人類主動性的高級表現，是推動社會發展的不竭動力。一個領導者要想具備非常規的管理能力，就一刻也不能沒有創新；一個領導者要想擁有號召力，就必須不斷根據實踐

創新

的要求進行創新思維。

領導者的創新思維是時代的要求和歷史的必然，最終目的在於推動事業的發展。當今世界，領導者如何正確認知和處理社會發展過程或實際工作中出現的新情況新挑戰，需要立足於新的實踐，把握住時代特點，研究現實中的重大問題，用創新的思維做出新的回答。唯有創新、創新、再創新，才能解決層出不窮的新矛盾、新問題，才能不斷把我們的事業推向前進。領導者的創新離不開充滿生機與活力的創新思維，這是時代的要求和歷史的必然。

很多時候，並不是領導者的天才能力成就了某項事業，相反，而是那些事情本身極具挑戰性，迫使領導者不得不變換多個角度去思考同一問題，以尋找妥善的解決之道；同時，在選擇衡量最佳方法的過程中，他們發現了應對各種挑戰的有效方式。可以這樣說，創新的思維方式成就了那些卓越不凡的領導者。

有一個故事很值得我們玩味。

從前，所羅門國王在臣民中享有崇高的威望，人民對他的英明睿智和明斷是非十分尊敬。一天，下屬帶著兩名婦女和一個嬰兒來打官司，兩名婦女都聲稱自己是這名嬰兒的母親，請求所羅門國王進行公正裁決。這個官司還真把所羅門國王難住了，從這兩名婦女的表情和陳述中都沒有發現什麼破綻，他一時無法判定到底誰是孩子的母親。而他一旦出錯，就會永遠破壞一個家庭。

這個難題說明了領導者所面臨的困境：

第一，世界如此複雜，即使是國王也不知道世界的全部。

第二，人是複雜的，所羅門王既要顯示作為國王的權威，又想知道事實的真相；真正的母親因為愛孩子所以想得到他，撒謊的母親不愛孩子也想得到孩子；擲硬幣的辦法簡單易行，然而這種僅憑權威做出的決定一旦失誤，無疑會損害國王給予臣民幸福的責任。

所羅門國王故事的結果大家可能都知道，他放棄了通常採用的法律程序，選擇了一個超乎常規的做法：他命令手下衛兵把孩子劈成兩半，一人分一半，公平解決。結果，其中一名婦女聽到這個恐怖的命令之後嚇得放聲大哭，提出自己寧願放棄這個孩子。而她，就是這個嬰兒的真正母親。至此，透過恐嚇性的心理測試，案件的結果水落石出，困境迎刃而解。

在這個故事裡，所羅門國王並沒有把這案件本身看作一個直截了當、非此即彼的選擇，而是深入思考這個問題，穿過法律和事實的範疇，挖掘到情感和心理的深處。他運用了自己的聰明才智重構了整個事件，為自己尋找到了轉換的空間，從而把自己、嬰兒以及他真正的母親都從困境中解脫了出來。整個過程不動聲色，毫髮無傷，卻顯示出所羅門國王敏銳的思維和高超的管理能力。

在現實世界裡，作為領導者，你可能經常會面臨類似的兩難抉擇。在這個日益變化的世界裡，下屬的動機各式各樣，每個組織成員價值和利益取向都複雜無比，卻要求領導者帶領各種不同的組織成員去追求共同的組織目標。這就決定了所有需要領導者解決的問題不是簡單的對與錯、是與非的兩維世界，而是要做艱難的決定。

而領導者的使命，則在於超越困境。也正是困境把那些傑出的領導者與普通人區別開來：一般人即使身處高位也可能會進行非此即彼、直截了當的選擇，其結果往往會顧此失彼；而領導者哪怕位處卑微也會小心從事，憑耐心、智慧和堅持超越困境。正是不斷思考、不斷超越困境，最終造就了真正的管理能力。

每個組織成員價值和利益取向都複雜無比，卻要求領導者帶領各種不同的組織成員去追求共同的組織目標。這就決定了所有需要領導者解決的問題不是簡單的對與錯、是與非的世界，而是要做艱難的決定。

4 做能創新的「火車頭」

前蘇聯心理學家達維多夫曾說過一句話：「沒有創新精神的人永遠也只能是一個執行者。」

不斷進取的創新開拓能力，是現代領導者必須具備的能力之一。如果沒有旺盛的進取心，就會被時代所拋棄。

因為管理過程具有綜合性、複雜性、多變性的特點，所以，領導工作是一種創造性的活動。這種創造性的活動就需要領導者具有不斷進取的創新開拓能力。尤其是在現代科技日新月異，資訊瞬息萬變的時代，工作的多變性和動態性更加顯著，形勢複雜多變，機會轉眼即逝。

領導者如果不善於提出新問題，開拓新領域，就無法跟上形勢的變化，就只能使自己的工作處於被動。不斷進取的創新開拓能力，是現代領導者必須具備的能力之一。

美國第三十二任總統羅斯福就是一位極具創新能力的領導者。一九二九年至一九三三年，資本主義世界爆發了一場迄今為止最嚴重、最持久的經濟大危機，其中以美國所受的危害最深。

當時的美國總統胡佛面對日益嚴重的經濟危機，只知道墨守成規。還是一味推崇亞當斯密提出的，一百多年來對資本主義經濟發展產生過大推動作用的「看不見的手」理論，奉行自由放任的經濟政策。

一九三二年在競選中，胡佛除了毫無根據的發表盲目樂觀的演說外，拿不出任何新政策來擺脫經濟危機。而羅斯福則針對美國經濟危機，深刻分析其原因，大膽提出「為美國人民實行新政」，要用政府力量調節和改革經濟。

後來，他採納凱恩斯理論澈底放棄自由放任的經濟政策，實行國家干預經濟政策。羅斯福總統為美國人民實行的新政，是一種超凡大膽創新之舉，「新政」使美國逐步擺脫經濟危機，獲得新的經濟成長，也標誌著資本主義世界自由放任經濟時代的結束，國家調節干預經濟政策的開始。羅斯福的新政，也是他能夠成為兩百多年來最具影響力的總統的原因之一。

由此，我們可以看到，每一個成功的領導者都需要具有開拓創新能力。如果沒有旺盛的進取心，就會被時代所拋棄；沒有開拓創新的能力，就只能因循守舊，墨守成規，工作就自然沒有起色。

胡佛總統在經濟危機面前由於缺乏創新能力，墨守成規，所以連任競選失敗。而羅斯福依靠他的創新能力當上總統，並成為一代傑出的領導者。

人最重要的創造力是能帶頭，而不是人家帶了頭，你在後面走。

5　領導者要有環視三百六十度的視野

一名成功的領導者，必須具備下面十種重要的特質：

(一)具有靈活性

(二)不怕冒風險

(三)有敏銳的經營頭腦

(四)具有遠見卓識

(五)能看清捉摸不定的形勢

(六)策略靈活

(七)重視消費者

(八)善於交流

(九)善於鼓勵

(十)不斷學習

假如領導者要帶領前往我們從來沒有去過的地方，不管是哪一種下屬，都會渴望領導者具有方向感。在管理過程中，領導者的這種預見未來的能力確實會顯得非常重要。唯有具備展望遠景和預見未來的能力，才能稱得上出色的領導者。

管理活動的實踐告訴我們，下屬通常希望領導者能「向前看」，擁有「長遠的眼光或方向」。

當組織中的所有成員，都以同樣的思維方式考慮問題時，組織潛在的危險就會很大。因此，每個領導者都希望自己眼光獨到，高瞻遠矚。然而，這一切最終取決於你的思維跨度有多大。

能夠大跨度思考的領導者，才能成為人才。敏銳的思維能力，可以幫助領導者從容不迫應付工作中的窘境，在競爭中立於不敗之地。

經常進行反向思考和矛盾思考有助於拓展你的思維跨度。在「變是唯一不變」的全球競爭環境下，領導者是否可以跳出原有的固定思維，突破自己固有的思維局限，挑戰以往的成功模式和策略手段，是考驗領導者心理素養和魄力的重要環節。

一個思維跨度大、敏銳性強的領導者不會躺在過去的成績上睡大覺。他一定會不斷否定自己，突破自己，戰勝自己，向自己挑戰，向明天挑戰，向未來挑戰，只有這樣的領導者才有機會成為未來的佼佼者。

人們常常把成敗歸於命運，實際上卻不是這樣。有個故事講的是：兩個農夫去都市找工作，口渴了在飲料攤前買水喝，攤主告訴他們兩塊錢一瓶水。這時，其中一人想：我們鄉下，水是不要錢的，這裡連水都要錢，看來在這裡不好生活，我得回去。另一個人卻想：我們鄉下，水是不值錢的，這裡連水都能賣錢，看來在這裡好生活，我要留下。結果，走的還是農夫，留下的成了企業家。運動員比賽時如果要獲得好成績，身上似乎存在兩種非常矛盾的特質：既要全神貫注，有強烈的獲勝慾望；又要隨時保持放鬆的心態，不能緊張。領導者在拓展思維的跨度時，要學會運用思維的矛盾性。

微軟公司董事長比爾蓋茲就是這樣一個矛盾的集合體。他和藹可親，但有時也會雷霆大發；一向謙遜待人，但有時也表現得非常自負。在他身上，「始終如一」這個詞失去了意義。他是一個講究實際而又具有豐富想像力的人。他能用心靈的眼睛看出技術發展的方向，並知道如何去實現。

創業之初，蓋茲就看準了科技發展的方向，找準了能在科技浪潮中始終立於巔峰的產品。儘管微軟市場龐大、規模可觀，但他還是能靈活迅速做出一些變動。比如，他意識到自己曾經忽視了網際網路的作用而馬上做出調整。

儘管他僱用了他所能找到的最優秀的科技人員，但是公司裡大部分人都得承認，他對像每一個螺絲螺帽這樣的細節都和他們一樣清楚。

這兩種傾向是很難同時發生在一個人身上的。拘泥於現實中的瑣事會使一個人喪失想像力；想像力豐富又容易讓人好高騖遠，不能腳踏實地。而蓋茲卻成功將這兩者融於一身。在大多數人身上互不相容的東西，在他身上卻完全相輔相成。

因此，領導者需要有非常好的遠見和環視三百六十度的視野。要能夠提前覺察到出現的任何事物，不僅能看到眼前發生的事，同時還能預見組織內部和外部環境所要發生的一切。

領導者再也不能把自己的思維定格於怎樣創造性的有效整合組織內資源，而要把它置於全球經濟發展格局中去思考，以世界性的策略眼光經營未來，才能立於永遠不敗之地。

6 創新是需要行動的

具有創新精神的領導者，如果注意把自己的創新方法施行於工作中的細微之處，就會產生非常積極的影響。創新不只是「想」出來的，主要是「做」出來的。創新的重要含義就是超越舊的，沒有較高甚至很高的素養和水準，是難以做到的。要想具有強大的生命力，就必須有強大的競爭力；要想具有強大競爭力，必須具有強大創新能力。

吉姆．哈頓是美國一家電子儀器廠的主管。一天，吉姆在下班時偶爾聽到了兩個女工的對話。一個說：「這個工作真是糟糕透了，弄得我疲乏不堪，其實並不是很累，只是它讓我的腿好痛。」另一個說：「我也一樣，不同的是我必須不停彎腰，這使我的脖子像抽筋一樣，我不得不做一會兒休息一會兒。」

這段對工作不滿的對話使吉姆產生了很大的疑惑：為什麼會這樣呢？女工從事的都是些比較輕鬆的裝配工作，本應不會有人感到過分勞累才是。

突然間吉姆想到：抱怨腿痛的那個女工個子矮小，而抱怨脖子抽筋的那位則是個瘦高個，是她們的身材不適合工作台的高度而產生了身體不適。於是，他想出了一個好主意，把整個部門的工作重新分配一下。

第二天早上，女工們發現整個部門都重新安排過了。所有高個子的、中等身材的以及矮個子的女工們，分別被安排到她們自己的新位置上。吉姆和助手幫助她們調整了桌椅高度，所有的燈具、搬運箱的擺設、懸掛的氣壓螺絲推進器以及其他的各種工具，都適當調整過了。結果，再也沒有人抱怨工作令身體不適，生產效率也大大提高了。

也許你認為是合理的事情其實並不合理。多到下面走一走，想一想，看看員工是怎樣說的，該為他們做些什麼，因為每個人的狀況千差萬別。關心別人，也就是在為提高工作效率。你可以設計一張質詢現狀的調查問卷，把你自己和下屬的個人行為以及組織行為中，凡是「一直都這麼做」的項目逐一條列出來。按照「絕對重要」、「比較重要」、「不太重要」等三種條件，對每一項進行反思：「是否需要創新和改進」、「對培養創新能力和創新精神有無益處」等等。

如果答案是「絕對重要」，那就得保留下來；反之，就找出改變的辦法。這種質詢現狀的過程，有助於培養你和下屬共同發現問題和解決問題的能力，以便隨時發現和取消每一項愚蠢的規定以及每一項不必要的程序。

有一句老話：「東西沒有壞就不要去修理。」沒有什麼比這樣的態度更令創新窒息了。在你所管理的組織內部，在每個工作環節，總有些需要改進和處理的事情。坐在辦公室裡，你永遠也不會發現和找出這些問題。走出去，到下面的各個部門轉一轉，和同事下屬多交流一下，以尋找和確定那些似乎不怎麼對勁的事情。

具有創新能力的領導者和普通領導者之間的區別是，前者總是能夠抓住靈感，他們留心自己的創意，並且總能在創意溜走之前把它記下來。

大約二十萬盎司的礦石能淘出一盎司黃金，創新也是一樣。具備耐心和毅力並不斷挖掘，無論是你自身還是你管理的組織和員工都會獲益匪淺。時代向領導者提出了創新的要求，也提供了創新的好條件。我們處在一個變化的環境裡，只有創新才可以打破常規，才可以突破自己的傳統思維。創新的基礎是與自己比，與自己競爭，向自己的過去成績挑戰，只有這樣才能不斷超越過去、創造未來。

在你所管理的組織內部，在每個工作環節，總有些需要改進和處理的事情。坐在辦

公室裡，你永遠也不會發現和找出這些問題。走出去，到下面的各個部門轉一轉，和同事下屬多交流一下，以尋找和確定那些似乎不怎麼對勁的事情。

7　善用異性相吸的原理

組織的男女比例失調，確實不方便展開工作，男人有男人的優點，女人有女人的長處，互相彌補，互相配合，有利於工作的發展。

「我們公司裡沒有男孩子，做起事來實在沒意思。」

「公司內缺乏男性，每天又做同樣的事，做久了真覺得枯燥乏味。」

這種話多出自女性，男性嘴裡雖不說但仍心有戚戚焉。

青春期的年輕男女最需要異性朋友。只要與異性一起做事，或在同一辦公室工作，彼此做事就格外起勁。這種情形並非戀愛的情感，或者尋覓結婚對象，而是在同一辦公室中，如果摻雜異性在內，彼此性情在不知不覺中就會調和許多。以前的公司內，有些部門專是男性負責，有些部門全是女性，並非故意如此安排，實則是因工作上的需求，不得不如此。在純男性或純女性部門中，經常有人發牢騷，情緒非常不平穩。於是有人建議安置一些異性進去，結果情況大為改觀，他們不再那麼憤世嫉俗，工作樂趣陡升，工作績效也大為提高。

員工們都認為辦公室內若有異性存在，就可放鬆神經，調節情緒。男女混合編制，不但提高工作效率，也可成為人際關係的潤滑劑，產生緩和衝突的彈性作用。但是，在眾多男性中只摻雜一位女性，或者許多女性中只有一位男性，這樣做也是不妥的。阿芳是一個研究部門中唯一的女性。剛開始時，男同事們都很尊重她，大家合作很愉快，她也很高興。可是日久天長，她缺少與同性談話的對象，內心積聚太多不滿，再加上研究工作壓力又大，她的精神都快崩潰了。

所以，男女混合編制也不是完美無缺的。有效的男女編制至少要有百分之二十以上的異性，同時也希望彼此年齡能夠相仿，因為彼此年齡懸殊，可能形成代溝，也不見得合得來。現代的年輕人多半認為男女交往是一件正當的事，對自己的行為也大多能負責，所以你無須過分擔心。

工作上不可能有男女混合編制時，應該常舉辦康樂活動或男女交誼團體活動，增加男女交誼機會。工作場所皆是同性的從業人員，因公司內部不可能舉辦男女交誼的活動，本身就應常參加有異性的活動，例如多參加區域性的青年活動。公司方面也不妨鼓勵員工多參加公司以外的活動，大致說來，對公司是裨益良多的。

單位是一個由男女組成的整體。物理學上有一項規則：「同性相斥，異性相吸。」領導者用人，應用其妙。

電子書購買

爽讀 APP

國家圖書館出版品預行編目資料

內在影響力：完美主管的不完美原則，超越權力的真正領導力！ / 宋希玉，黃立 著 . -- 第一版 . -- 臺北市：沐燁文化事業有限公司 , 2024.07
面；　公分
POD 版
ISBN 978-626-7372-74-6(平裝)
1.CST: 管理者 2.CST: 企業領導 3.CST: 組織管理 4.CST: 職場成功法
494.2　　113009199

內在影響力：完美主管的不完美原則，超越權力的真正領導力！

臉書

作　　者：宋希玉，黃立
發 行 人：黃振庭
出 版 者：沐燁文化事業有限公司
發 行 者：沐燁文化事業有限公司
E-mail：sonbookservice@gmail.com
粉 絲 頁：https://www.facebook.com/sonbookss/
網　　址：https://sonbook.net/
地　　址：台北市中正區重慶南路一段 61 號 8 樓
8F., No.61, Sec. 1, Chongqing S. Rd., Zhongzheng Dist., Taipei City 100, Taiwan
電　　話：(02) 2370-3310　　　　傳　　真：(02) 2388-1990
印　　刷：京峯數位服務有限公司
律師顧問：廣華律師事務所 張珮琦律師

定　　價：290 元
發行日期：2024 年 07 月第一版
◎本書以 POD 印製